U0290196

# 性、植物学与帝国
## 林 奈 与 班 克 斯

# Sex, Botany and Empire
## The Story of Carl Linnaeus and Joseph Banks

〔英〕帕特里夏·法拉 著

李猛 译

商务印书馆
The Commercial Press
SINCE 1897

2017 年·北京

本书翻译出版得到国家社科基金重大项目"西方博物学文化与公众生态意识关系研究"（13&ZD067）和"世界科学技术通史研究"（14ZDB017）的资助。

## 献给迪莉娅与迈克尔

致谢：

在写作《性、植物学与帝国》时，我大量参考了其他史学家的著作和文章。我尤其要感谢德雷顿（Richard Drayton）、加斯科因（John Gascoigne）、柯纳（Lisbet Koerner）和席宾格尔（Londa Schiebinger）。另外，我还很想感谢盖思特（Harriet Guest）和西科德（Anne Secord），她们给我提供了许多有用的建议；感谢西瓦桑达拉（Sujit Sivasundarum）对全书的初稿做出评论。

目录

# 第一章　性、科学与国家

　　好奇心吸引着航海者来到地球上如此偏远的地方，正如班克斯爵士所访问过的那些地方，当他回到国内后，这种好奇心会继续激励他。自然一直是他感兴趣的研究领域，因此，我们不能假定，自然当中最引人注目的部分——女性，会脱离他的视线。如果我们从班克斯关于情爱的描述出发，得出的结论就是：他对访问过的大多数国家的女性，都进行了严格的审视。

——《城乡杂志》1773 年 9 月

布洛塞（Harriet Blosset）家境富裕，美丽动人，正高兴地
准备与自己的未婚夫一起看歌剧。她的未婚夫班克斯（Joseph
Banks）家庭也很殷实，是林肯郡一位年轻的地主。她或许永远
都不会忘记那个日子——1768 年 8 月 15 日。那一天，信使来
到剧院，通知班克斯立即去普利茅斯（Plymouth）报到，库克
（James Cook）① 正在"奋进号"（the Endeavour）上等着他，一

① 库克，1728年出生于英格兰约克郡，1779年在与土著的冲突中战死于夏威
夷岛。他是英国著名的海军军官、航海家、探险家和制图师，皇家学会会
员，因航行期间完成了大量科学试验而获得皇家学会的科普利奖章（Copley
Medal）。库克于1768年～1771年、1772年～1775年、1776年～1779年三度
奉命前往太平洋进行殖民探险，对英国的天文、地理、航海、医学等领域产
生了重要影响。另外，库克船队还是首批登陆澳洲东岸和夏威夷群岛的欧洲
人，在今天的澳洲、新西兰和大洋洲地区，有不少地方均以库克命名，如库
克群岛、库克海峡、库克峰等。——译注

起驶向太平洋。当晚，在布洛塞家的家庭宴会上，班克斯喝得酩酊大醉，而他的未婚妻满含泪珠地发誓，会安静地居住在乡下等待。布洛塞小姐留了下来，为远去的心上人绣织背心。她担心班克斯的生死，因而陷入了极度的沮丧之中。相反，班克斯很快从他们的分离之苦中走了出来，在外近三年，他活得倒十分滋润。

通往塔希提岛和澳大利亚的"奋进号"探险活动是本书的核心，因为它不仅改变了班克斯的一生，更改变了英国的科学模式。这位年轻、真诚的植物学家成为了伦敦皇家学会（London's Royal Society）主席，并统治这个国际性科学帝国长达四十多年。虽然经常有人提及他早期在太平洋地区探险时发生的性事，以此来诽谤他，但班克斯成为了强有力的管理者，他说服了英国政府，使人们相信，投资科学研究事业将有利于国家的商业和帝国扩张。没有人能像班克斯那样，把 3S——性（sex）、科学（science）与国家（state）——如此紧密地结合在一起。

库克船长的"奋进号"远航活动是由英国海军部和皇家学会资助的，目的是驶向塔希提岛，观测一种罕见的天文现象——金星凌日 ①，即金星穿过太阳表面。库克的船上装载着光亮的铜质器械，由受过专业操作训练的海员来管理。这是库克三次环球航行中的第一次，也是最早由政府资助的科学探险活动之一。然而，班克斯需要为自己及其 7 位仆人、助手出资，因为收集国外植物这种类型的项目难以吸引政府的资金支持。班克斯"不学无术"：在伊顿公学（Eton）读书时，他勉强通过了教学大纲中的古典课程；在牛津大学时则没有完成学位课程。但班克斯从小就着迷于植物学，通过自己与海军部的私人关系，他才得以加入"奋进号"远航团队。班克斯对瑞典专家林奈（Carl Linnaeus）所引入的动植物新分类体系充满了热情，当时林奈已经老去，但依旧备受尊敬。当"奋进号"起航开往太平洋时，班克斯或许想到了林奈年轻时在北极地区的探险活动，也或许会幻想，有一天他将取代这位欧洲植物学界的泰斗——事实上，这一梦想真的就实现了。

---

① 金星凌日是指金星运行到太阳和地球之间，三者恰好在一条直线上时，金星挡住部分日面而发生的天象。以两次凌日为一组，间隔8年，但是两组之间的间隔却有100多年。1716英国著名天文学家哈雷发表论文提出了一套利用观测金星凌日来计算地球与太阳之间距离的方法，从而使人们首次有可能比较精确地获得太阳系的大小。于是1761年和1769年的金星凌日成为众多天文学家竞相观测的目标。——译注

　　许多人一定想过，在塔希提岛上观测金星，即那颗代表着爱情的行星，是多么合适啊。沃利斯（Samuel Wallis）①率领的英国探险队发现塔希提岛才不过一年光景，但对当时的欧洲人来说，它已经成为充满异域风情的人间天堂，或者说世俗伊甸园了。据到过那里的人报道，宜人的气候、肥沃的土壤培育了这里未堕落的、自然的社会氛围，岛上的居民生活和谐，完全没有浸染流传于欧洲文明中的颓废恶习。尤其重要的是，塔希提人似乎没有任何性禁忌，不像英国人那样被限制了享乐；而满足性欲被看作是人生的重要目标。

　　当沃利斯率领"海豚号"（the Dolphin）靠近塔希提岛时，他立即就被岛上漂亮的风景震惊了，之后亲历的社会习俗更是令他惊讶。起初，船员与土著居民彼此相疑。在那几天里，他们跨越语言障碍来决定在多大程度上能够信任彼此。欧洲人借助他们的火枪这件事并不奇怪，在几个塔希提人被杀之后，一套行之有效的易货贸易体制建立了起来；在这个贸易体制中，性是最主要的货币单位。当载着年轻貌美姑娘的小船绕着"海豚号"

①　沃利斯（1728年～1795年），英国航海家。1766年，他率领"海豚号"进行环球航行，是首位发现并登陆塔希提岛的欧洲人，并将其命名为"乔治三世岛"。——译注

游弋时，即使是船上医务室中那些患慢性病的船员，也振作起来要求上岸。

起初，岛上的妇女还接受一些廉价饰物，但随着时间的推移，她们聪明地提高了交易的价格。塔希提岛上没有钢铁，所以在英国极其普通的金属，随着妇女索要越来越长的钉子，在岛上也变成了贵重商品。"海豚号"的管理者轻蔑地记录着这些事情，就像他自己没有参与一样："所有获准上岸的海员都与年轻姑娘进行过交易，几天过后，姑娘们索要的价格就开始直线上升了，从 20 或 30 便士的钉子上涨到 40 便士的钉子，还有一些甚至漫天要价，需要 7 英寸 ① 或 9 英寸的金属条块。"木工发誓密切守护着给藏，但他极有可能从中牟利丰厚，因为木头中的钉子和栓子都被拔了出来，"海豚号"开始散裂。

几个月后，法国探险队开始登陆该岛，他们热情洋溢的报道巩固了塔希提岛作为自由性爱之田园般的乌托邦的称号，地球上的芸芸众生此时也可以享受这种天堂般的生活了。等到 1769 年库克和班克斯到达这儿时，岛民中正流行着某种被他们称为"英国病"（Apa no Britannia）的性病。库克努力使他

---

① 1英寸=2.54厘米。——译注

的船员都遵守纪律，一旦船员消失在岸上，就会命令他们回到船上。但库克同样怀着人类学探究的热情来参加当地的活动，他吃了烤狗肉，用鲨鱼牙齿剃了须，还束了腰以便参加传统的庆祝仪式。库克压制着自己的感情，冷静地注意到，那些舞者"极其严格地控制着时间"，虽然他确实曾因一位裸体独舞者绕自己转动而数不清人数。库克还经历过一个特殊的星期天，它以基督教的仪式开幕，却以公开的性交活动结束，库克一本正经地将其称为"一幕古怪的场景"。[1]

按照那个时代的标准，库克是个宽容的人，他竭尽全力去观察，去分析，而不做判断。但不可避免，他那谨慎的中立性有时也会发生摇摆。道德感带来的愤怒情绪偷偷地溜进了他的日志当中，他发现自己根本不可能不去批评所见到的滥交行为。班克斯则没有这样的不安，他在那里尽情享受着。库克或许保持了旁观者的角色，但班克斯却是作为参与者在其中狂欢作乐，他像鲍斯威尔（James Boswell）一样，以自己所得意的坦率态度承认了自己的越轨行为。当听说塔希提岛像伦敦一样，能给人带来情色快乐时，鲍斯威尔本能地渴望去探访这个小岛。那些女性舞者发现，让怪诞的访客们高兴是有益处的，而班克斯则欣然相信，她们对自己另眼相看。领舞者赤裸着，先在他面前单脚着地旋转，然后送给他一些布料；班克斯"牵着她的手，把她和陪伴她的女性朋友领到帐篷之中"。有时候他自己也加入到舞队里，仅仅腰处遮有衣物，但他不会"由于自身赤裸而感到害羞，因为没有一位女性穿得比我多"。

班克斯写道，自己最着迷的是侍者奥西欧西娅（Otheothea），她的主人叫普丽娅（Purea），地位很高。欧洲人经常错误地把普丽娅叫作女王奥贝拉（Queen Oberea），他们误听了她的名字，抬高了她的地位，因为欧洲人从不注意对他们眼中毫无差别的劣等人种进行社会细分。"海豚号"访问期间，普丽娅负责安排沃利斯船长的社交行程。她设法取悦沃利斯，给他按摩，喂他食物，以此分散他的注意力，使其不再去作奸犯科或做进一步的大屠杀；沃利斯被普丽娅的付出感动了，便送了一些贵重礼物作为回报。"奋进号"到达该岛的时候，普丽娅已经在一次内战中失败了，但她仍然尽其所能，去负责管理岛上的不速之客，甚至组织了一次性交仪式供班克斯观赏。

普丽娅邀请班克斯到她的小舟上共度良宵，这件事使得班克斯后来作为太平洋上的放荡之子而臭名昭著。因为天热，班克斯谨慎地解释道，"我脱光了衣服"，并听从普丽娅的建议，衣物交由她照看。之后不久，班克斯醒来，发现自己那件高雅的白色短上衣、带银质搭环的背心以及手枪、火药都不见了。班克斯把滑膛枪交给普丽娅的一个男人看管，然后安顿一番就又睡去了。第二天早上，他被迫借了一个长袍裹在肩上，"因此我穿着混搭的衣服示人，一半是英式的，另一半是印第安人的"。班克斯伤心地总结道，普丽娅极有可能与小偷串谋偷走了自己的衣服和武器。在索赔几头猪未遂之后，班克斯才羞愧地回到"奋进号"上。[2]

★★★

对一些漫谈专栏作家和讽刺家来说，班克斯在太平洋上的探险活动有如天赐。1771年班克斯回到英国，在随后的几年里，出现了许多绘画、小册子和文章来讽刺班克斯在航行期间所参与的性事。班克斯与普丽娅的这段故事，出现在众多讽刺诗中，如今看来，它们多是为了押韵而硬凑出来的。这是一个典型的案例：

> 她立刻躺在了爱人的怀中，
> 利用美貌从事娼妓也不觉得罪恶深重；
> 她喊道："我也要做之前女王所做过的"，

The BOTANIC MACARONI

Publish'd as the Act directs Nov.14.1772 for M.Darly 39 Strand.

图 1 "植物学中的麦克鲁尼"（1772 年），马修·达利绘制（版权归大英博物馆所有）

原则上讲，她已沉沦为通常的妓女。①

班克斯因为与这位塔希提岛统治者的关系而受到了猛烈的攻击，除此之外，还有人批评他拒绝了与布洛塞小姐的婚约，虽然她的家庭从班克斯那里成功榨取到一笔不菲的财产。他被指控选择了科学而不是性。批评者们揶揄道，布洛塞的前情夫②先是被塔希提岛上的漂亮女性所吸引……但"她发现，与自己迷人的魅力相比，班克斯现在更喜欢一朵花或者一只蝴蝶"。讽刺诗人对他抛弃普丽娅也表达了同样的抱怨。有一封长长的讽刺信曾提到，为了吸引她的大英植物学家回心转意，普丽娅将自己变成了一株葱郁的植物，并将"放荡的叶子缠绕在你③的手上"。她哀叹道，班克斯因为科学而抛弃了自己，"除了植物学，他的脑海里至少也应该为自己留一点空间吧"，她这样祈求着。[3]

班克斯作为"植物学中的麦克鲁尼"④而成名了（图1）。

---

① 四句诗最后的英语单词分别为arms，charms，before，whore，两个一组押韵。——译注

② 指班克斯。——译注

③ 指班克斯。——译注

④ Macaroni，字面意为通心粉。——译注

起初，创造"麦克鲁尼"这个词汇是为了贬低那些贵族青年，他们去意大利进行自己的教育旅行[①] 期间习得了大陆风俗；后来这个词被滥用，引申为对那些接受了奇装异服的年轻纨绔子弟的嘲讽。这个标签带有性方面的蔑视意味。有个杂志这样嘲笑"麦克鲁尼"："（他们）不是男性，也不是女性，而是中性的……他们说话毫无意义，笑得莫名其妙，吃饭毫无食欲，骑马而无任何锻炼，连嫖妓都毫无激情。"[4] 就像植物被分为不同的科，人类被分为不同的族群，那些讽刺家也把"麦克鲁尼"分为不同的类型，比如按照他们招摇而过的街道，或者他们发明出来用于消磨时间的爱好来分类。

穿着不同寻常的外套，戴着奇怪的假发，那位植物学中的"麦克鲁尼"带着佩剑。这时候佩剑不再是一位优雅绅士必备的行头了，它变得具有讽刺性和很强的象征性：这位"麦克鲁尼"太柔弱娇气了，因此不懂得如何使用它。他的右腿裹着绷带，这是痛风病的一个暗示，他的腿后来因此而致残。班克斯手中拿着望远镜，面带毫无意义的笑容，这个植物学界的浪子，先前对女性那份炽热的爱，已经转变为对植物的

---

① Grand Tour，近代英国贵族子女所崇尚的遍游欧洲大陆的教育旅行。——译注

魂牵梦萦了。

　　现在的植物学作为科学追求似乎毫无不当之处，但在18世纪晚期，它充满着性暗示。当讽刺作家们嘲笑班克斯提供给女王奥贝拉一株巨大无比的植物时，他们并非首创，尽管这个笑话因为班克斯确实是一位植物学家而显得格外贴切。在整个启蒙运动时期，那些低俗下流的诗篇总是把妇女的身体形象地比喻为一些地貌景观，比如山丘、小河、港湾等，而植物则提供了男女性器官的情色类比。单词"defloration"（使女子失去贞洁）就是这种严重的情色植物学遗留下来的产物，同样的还有美国艺术家奥基夫（Georgia O'Keeffe）那些鲜亮的花朵图鉴，以及芝加哥（Judy Chicago）的女权主义装置艺术作品之"宴会"（The Dinner Party）中的花朵摆放。

　　即使是植物学方面的科学术语也充满了性指涉，这使事情变得更糟。班克斯热情地支持当时备受争议的林奈分类体系，这个体系主要依靠花朵之中雌雄繁殖器官的数量来进行分类。为了描述不同类型的植物，林奈使用了特殊的词汇，如"新娘的洞房""婚姻"等。对于那些保守的英国人来说，自然的性别化版本接近于色情；对植物学教科书的批判，就像现在反对孩子们观看暴力视频的言论一样。社会上那些自我认命的道德卫士宣称，要保护年轻的妇女不受植物学教育的浸染。他们严令禁止各种各样的植物采集探险活动，同时引入了一些毫无意义的委婉词汇来使植物学术语纯净。班克斯将自己与林奈的支持者划为同一个阵营，使自己的性事受到了广泛的影射、批评。

　　在对班克斯及其高超性技巧的夸张演绎中，最成功的是《含羞草：或敏感的植物》（*Mimosa: or, the Sensitive Plant*）一书，他的名字被印在了扉页上。这件事发生在1779年，班克斯从塔希提岛归来之后的第7年。这本书是匿名出版的，但启蒙运动的几位作家很欣赏含羞草这种植物所暗含的意义，它的收缩和伸张是明显可见的。我们很难想象，现代人会去嘲笑一篇通过植物隐喻来诽谤杰出贵族性癖好的长诗，更不用说去购买了。然而，这样的讽刺作品是值得研究的，因为幽默提供了一张进入其他文化的绝妙入场券。序言的首句就传达出了含羞草的品性："人们最终将会知道，我把一位如此精通植物学的绅士喻为'敏感的植物'是多么地合理……塔希提的平原将它养育到令人惊讶的高度……在操控、使用和证明它的优良品性时，奥贝拉女王和她迷人的伙伴感受到了最鲜明的快乐。"

诗篇的读者大概没有厌倦这种双关语，即使它以不同的方式重复出现。四页之后，这位匿名的作者开始总结他给班克斯的献词："科学研究者怀着同样的乐趣开始了同样的工作，而你，爵士，在渴望该植物繁殖的人当中，站在了最前列，探索了世界的未知领域，并让本国的人了解了它：发现了它的优点，以及它与活力的关系。"[5]作者的描述虽然不细致，却十分重要，他用地理学或植物学上淫秽的陈词滥调来刻画科学探险，弦外之音中透露着占有、统治和掠夺。

这个关于含羞草的献词将性、植物学和国家干净利落地联系在了一起。与之对应的是第二幅人物插图（图2）——关于班克斯的第二幅"麦克鲁尼"讽刺画。就像"植物学中的麦克鲁尼"图画一样，那柄多余的剑和精美的羽毛暗示着班克斯不男不女的性别特征。他曾经嘲笑那些想在欧洲完成教育旅行的绅士，宣称自己的旅行必定是环游整个世界。虽然班克斯一有机会就纵情自悦，但他视自己为探索者（traveller）而非游客（tourist）。他想像之前的林奈一样，通过科学分类来掌控这个世界。这幅画讽刺了班克斯的帝国主义野心，他的两只脚叉开，摇摆不定地踏在地球的两个半球之上。为了丰富科学收藏，他拼

图2 "追捕蝴蝶的麦克鲁尼"（The Fly Catching Macaroni），马修·达利绘制（版权归大英博物馆所有）

尽全力地去捕捉一只没什么价值的蝴蝶。图释文字这样讽刺道：

> 我从地球的一端奔波到另一端，你问我为什么，
>
> 我回答说，为了捕捉一只蝴蝶。

　　像现在的政治漫画一样，这些"麦克鲁尼"讽刺画不仅表面有趣，而且暗含了对社会结构更深层次的批评。库克的探险之行绝不只是为了寻求科学真理。船上的天文学观测者和植物学观察者确实取得了一些新发现，但这次航行的支持者提供资金是为了实现商业目的和政治目标。班克斯抱怨那位"皇家"女主人不诚实，因为她趁客人睡觉时偷走了衣服，但很显然，班克斯并没有对他们在国家层面上的偷窃感到懊悔。班克斯接管了当地的女性和植物，而库克则保护了大英帝国在太平洋上的殖民地。

　　没有一种唯一正确的理解历史的方式：人们总是尝试着让自己的生命有意义，所以他们不断地创造着新的版本、新的回忆。或者就像丹麦哲学家克尔凯郭尔（Søren Kierkegaard）说的，生命向前，但理解它却是向后。科学家喜欢浏览之前的世纪，挑出一些著名的先辈，因为先人的光辉成就似乎预示了他们

自己的成功。为了提高自己的地位，科学家们建构故事来赞美科学必然的进步，就像真理火炬从一位伟人传递给另一位伟人似的（偶尔也可能是女性）。在这种胜利史诗中，林奈是作为植物学先辈出现的，他引进了一套重要的分类系统，今天依旧使用；与之相比，班克斯仅仅是作为探险家出现的，这位勤勉的信徒用林奈体系来给收集到的植物分门别类。

这种英雄史诗般的叙事方式也许是一种传统，但它无法回答一些问题。首先，它无法解释科学及其应用如何、为什么以及何时在社会中具有如此根本性的作用。多个世纪以来，最高级的学科是神学和古典学，这种平衡只是慢慢地开始倾向于科学和数学。史学家经常忽略 18 世纪，因为该世纪缺乏牛顿（Issac Newton）或达尔文（Charles Darwin）这样的大人物，但这个世纪确实很关键：科学开始确立地位并赢得威望。林奈、班克斯与他们的同时代人一起，为确立科学知识的有效性和价值而奋力拼搏。

牛顿、达尔文式的人物都是被当作大英雄来纪念的，据说他们都创造出了革命性的理论，但这些理论却远远高于日常生活的琐碎需求。在这个关于过去的简单化图景中，科学是从一个假想世界中发展起来的，在这个世界里生活着无私利的科学家，他们只有一个目标，即发现真理。当然，实际情况并非如此。激励科学探索者的不仅是对自然的真正迷恋，还有其他一些动机——权力、金钱、声誉。林奈在瑞典、班克斯在英国的情况说明了科学研究是如何与商业发展及帝国掠夺交织在一起的。

科学的历史经常被转化为一场令人振奋的竞赛，英勇无畏的探索者争先恐后地争夺着真理的高峰。这种冒险故事可能读起来让人着迷，但它们无助于解释科学是如何融入我们的日常生活的。近代科学依赖于工业和政府资助，因此将科学知识的增长与其重要性的增长分开是幼稚的。当科学对社会的重要性也进入它的历史之中，本来连在一起的林奈与班克斯的故事，将展现得完全不同。回顾历史，林奈与一个更古老版本的帝国统治联系在一起，最终，作为经济实验和科学实验的帝国统治都失败了。相反，班克斯并不是作为林奈门徒出现的，他是统领这个世界的科学帝国的提倡者。没有像他这样热心的布道者，我们传统意义上的科学英雄的理论，如牛顿的万有引力、达尔文的进化论就不会成为常识，不会成为我们科技世界中必不可少的部分。

班克斯的革新之处在于把科学放在了大英贸易帝国和政治

帝国的核心。林奈或许是植物学界的科学明星，但班克斯的影响更加深远。作为一个独裁的管理者，他或许缺乏牛顿、达尔文甚至林奈的魅力，但他作为科学奠基之父依旧值得纪念。班克斯担任皇家学会主席四十余年，保证了科学与大英帝国的共同繁荣和扩张。他建立起来的科学与国家之间相互依赖的关系持续至今。

# 第二章　瑞典科学家

同样观察到了不规则现象所传递的东西

从性别和等级区别的需求出发……

婚姻可以曝光吗，或者婚姻要保密

同一张床上，躺着非常体面的两个人

夫妻总是能够恩爱吗

在一个篮子里，放荡与炫耀被扔掉了……

我欢乐的帝国不会这么快就解体

我的殖民者宣告了永远的独立

——班克斯在其所藏的《植物系统》（ *A System of Vegetables* ）

一书上手写的诗句。《植物系统》由林奈所著，

1783 年出版，伊拉斯谟·达尔文将其翻译为英文。

林奈（1707 年～1778 年）是瑞典牧师，引进了一套新的动植物分类法，他的同事十分风趣地说："上帝创造，林奈整理。"林奈没有做出过能改变生活的发现，并经常被嘲笑为未受过足够教育的乡下粗鄙之人。然而，他很快就成了科学界的大英雄，变得赫赫有名，因为林奈发明了一种革命性方法，用它来标记植物简单有效。他吹嘘道，这种"花的语言"是如此简单，以至于妇女都可以理解。不同背景的植物爱好者第一次能够习得一种认识花的简便方法，并且林奈的分类系统至今仍被广泛使用。

18 世纪经常被人称为"分类的时代"，林奈则是最为杰出的分类学家。截止到 1799 年，出现过 50 多种不同的体系，但唯独林奈体系存活了下来。在《自然地理学》（*Geography of Nature*）中，他把生物分为不同的类群和亚群，并将 5 个层次按顺序排列，如纲（class）、种（species）等。他说，从此往后，每一种动植物都会带着自己独特的、由两部分组成的名字。比如柠檬被叫作 *Citrus limon*，由此可与它的近亲酸橙，即 *Citrus aurantium* 区分开来。林奈还创造了一个新词来描述人类——智人（*Homo sapiens*），意为"聪明的人"。

林奈体系已经被采用了 200 多年，因此，这种动植物分类方法似乎就是自然的，或者正确的。但是，现代的科学家还一直在争论它的优缺点，1732 年林奈首次提出这个方案时，就曾引起很大的争议。同时代的一些竞争对手都试图找出上帝创造宇宙的原始蓝图，并批评林奈选取了一个武断的方案，而不是神所制定的那个。还有人批评说，林奈以相对次要的性状为基础，建立了一个精致的结构。之前的植物学家曾尝试用花的颜色或叶的形状等特征来为植物分类，但林奈决定按照繁殖器官的数目为植物确立秩序。虽然看起来可能有些奇怪，博物学家到 17 世纪末才意识到植物是有性繁殖的。即使一些植物是雌雄同体的，也就是同时具有雄性部分和雌性部分，林奈依旧选定用这种性别二分法来组织植物界。

林奈借助人类之间的关系来构建这种看起来客观的体系模型。启蒙运动时期基督教卫道士的偏见，成为建立这种关于植物的科学规划的核心，这种规划是林奈用浪漫词汇，诸如新娘、婚

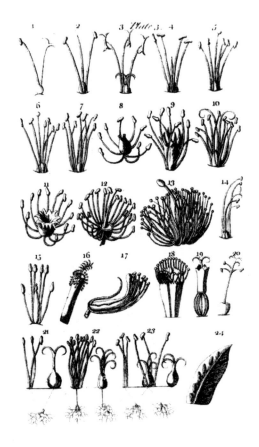

图 3　林奈分类学中植物的 24 个纲,以乔治·埃雷特在林奈《自然系统》中绘制的插图为基础。该图片来自詹姆斯·李 1760 年出版的《植物学导论》(得到剑桥大学图书馆管理员的许可)

姻等勾勒出来的。在他的神人同形同性论方案中，男性与女性是最基本的区分，就像 18 世纪末欧洲高度沙文主义社会中的区分一样。林奈赋予雄性特征更大的重要性，换句话说，他把人类社会中普遍存在的性别歧视强加给了植物界。林奈根据雄蕊数量确立了秩序的第一等级，雌蕊数量决定的则是更低的等级。

林奈和同时代的男性一样享受着这种统治地位，由此出发划分植物界有巨大的好处：这使他武断的植物组织法看起来很自然，甚至像上帝给定的。林奈把人类社会与植物界直接对应起来，但从那时起，科学研究者便开始做反面论证。因为自然中存在着普遍的性别等级，所以从这种扭曲的逻辑出发，人类中的男性也一定是更优越的。这种论断轻易地忘记了这种性别秩序是如何首先从人类社会中推断出来的。通过这个闭合圈，林奈的分类体系不仅反映了社会偏见，而且加强了它。

图 3 说明了林奈是如何根据花中雄蕊的数目，来把植物分为 24 个纲的。通过计算雌蕊的数量，他又把每个纲再分为次等重要的等级。林奈是一位笃信宗教的人，他相信婚姻的圣洁性，但他的文字读起来依旧像是对米尔斯和布恩（Mills and Boon）①

---

① 英国著名出版社，以出版言情小说为专长，深受女性喜欢。——译注

小说的拙劣模仿："花瓣……充当着新娘的温床，造物主将它安排得如此辉煌，床上装饰着如此高贵的床围，弥漫着如此宜人的香气，新郎和新娘可能在那儿更加庄严地庆祝他们的婚礼。现在，床已经准备就绪，是时候新郎拥抱他深爱的新娘并赠予礼物了。"[6]

批评家们很快谴责了这些带有性色彩的词汇。

自相矛盾的是，这位将性爱引入植物学的人却是个爱家的牧师，他阻止女儿学习法语，以防她们丧失了对持家的兴趣。他将性等同于婚姻，而不是放浪，并把女性视为妻子和看护者，而不是拥有自己欲望和野心的个体。林奈称第一纲的植物为单雄蕊纲（monandria），来自希腊语"一个男人"。他给自己妻子的爱称是"具有单一雄蕊的百合"——拥有唯一丈夫的贞洁之女。然而，许多目①中的植物雄蕊、雌蕊数量并不对等，因此不能对应到传统婚姻中来。林奈用"妾""秘密婚姻"等词汇来描述这些非正统安排。或许，他认为自己属于第一纲中的第三目，一个男人拥有三个妻子——单一雄蕊百合、巴黎植物插画家和他最爱的自然女神本身。

---

① 林奈这里使用的"Order"虽然比纲次一级，但是却并不等同于今天植物学中使用的"目"，而是介于目和科之间。——译注

★★★

林奈的成年生活基本上是在乌普萨拉大学（University of Uppsala）度过的。今天，这个小城距离斯德哥尔摩（Stockholm）只有一小时的火车行程，但那时候却被看作穷乡僻壤。林奈基本上算是自学成才，他将自己弄成当地怪人，看起来更像是自己掌管的皇家收藏物，如萨米人（Sami，当时叫拉普人）、非洲奴隶和异域动物。林奈出身于乡村牧师家庭，轻易地养成了一种邋遢不洁的形象，他只会用瑞典南部方言，或者带有北欧口音的学生式拉丁语来交谈。然而，他是位相当优秀的自我推销员。

图4是一个很好的例子，展示了林奈是如何打造自身公众形象的。起初，林奈设计这个图像是为了吸引一位富裕的赞助商，他身穿传统萨米服饰，就像一位勇敢的探险家刚从恶劣的北极地区返回。事实上，他收集这套服装是为了游历欧洲，以支持他那丰富多彩且被夸大了的航行故事。林奈委托画家把这个图像制作了多个版本，但这是极具欺骗性的。

就像班克斯和他的英国同伴歧视塔希提人一样，大都市的瑞典人视萨米人为低等民族。借助在这幅肖像上穿着萨米人的服装，林奈伪装成一位异域土著，这个策略事实上巩固了他作为

图 4 "1737年,卡尔·林奈从拉普兰归来,30岁。"1737年马丁·霍夫曼绘制,H.迈尔雕刻(国家医学图书馆、科学图库)

帝国拥有者的真实地位。只要足够无知无畏，任何一位萨米人都可能会告诉林奈，他看起来有多么滑稽可笑。贝雷帽是他从一位瑞典税务人员那里得到的礼物，适合女性在夏天使用。他的毛皮冬上衣是在乌普萨拉购买的，生产自另一个地方。他的驯鹿皮革靴子原本不是用来穿的，而是出口给那些富裕又易上当的南方人的。他的巫医之鼓也是件礼物，是非法霸占的。为了完成整个造型，林奈还在腰带上悬挂了各式各样的旅游纪念品。

　　林奈用自己的名字命名了胸前的小白花，让它出现在自己全部的肖像图中，于是这朵小花便成了林奈的标志。他如此深爱着北极花（*Linnaea borealis*）——意为北部的林奈，并把它酿造成拉普兰茶。据他儿子介绍，这种茶令人难以下咽。这棵小小的北极植物很好地宣传了1732年林奈的拉普兰（Lapland）之行，实际上，这次航行只是对北部地区的一次简短、虚饰的突袭。林奈那年25岁，乌普萨拉科学学会（Uppsala Science Society）资助了他，他戴着辫式假发，穿着优雅的皮裤，携带着两套睡袍、显微镜、鹅毛笔和植物压制设备就出发了。他的行李之中还隐藏着一些有用的地图和以前的探险者编纂的日志，但他从来没有提及过这些。林奈离开了好几个月，但他待在拉普兰的时间却只有18天，甚至从来没有越过北极圈进入极地地区。因为他的薪金是按照里程支付的，所以他递交给学会的最终报告将行程夸大了一倍还要多，地图画得很长，增添了许多虚构的迂回路线。

尽管为了提升自己，林奈采取了不太可靠的策略，但他的愿望却是真挚的。他想通过在国内种植异域植物来实现国家的自给自足。瑞典已经失去了帝国的大片领土，也没有多少机会来进一步获得海外殖民地了，这与大英帝国不同。林奈指出，欧洲花费大量金钱从亚洲进口商品，但反过来却没有什么可以销售的——枪除外。他声称，欧洲人必须强迫自己不依赖于遥远的国度，这样才会变得更好。林奈在欧洲范围内首次成功种植香蕉，这帮助他赢得了资助，他说服政府投资，来完成殖民作物的育植计划，以使作物能够生长在斯堪的纳维亚半岛（Scandinavia）。林奈梦想着能够改革国家经济。芬兰的稻田、拉普兰的肉桂树丛（cinnamon）、波罗的海地区的茶树：在林奈的未来图景中，瑞典应该像英国和荷兰那样，从海外殖民地中享受繁荣。

拉普兰之行后，林奈在荷兰待了三年，1738年回国，那年他31岁，结了婚并且再也没离开过瑞典。林奈接受的教育本是训练他成为一名医生，起初他尤其擅长治疗梅毒，但三年后他被任命为乌普萨拉大学的医学教授。接下来的四十多年，他巩固了自己的学术地位，出版了分类学著作，并通过提出农业方面的建议，来尝试改革瑞典经济。他的授课吸引了来自全欧洲，包括英国的学生。

上帝在林奈的计划中处于核心位置。林奈是一位严格意义上的路德宗信徒，认真研习过《圣经》。按照他的理解，人类有双重神圣使命：照看这个世界，并开发利用自然资源以满足自身利益。林奈教导说，通过揭秘上帝制定的自然规律，博物学家就可以充分利用世界的财富了。博物学家研究植物不仅为了满足科学上的好奇心，还应当找到方法，将植物转变为药物、食物和住所。每一个国家都有幸分布着实用植物，科学的任务就是发现它们，培植它们。当然，在林奈看来，欧洲白人最适合完成这项任务。通过理解上帝监管宇宙的方式，博物学家应当学会如何管理地球及其上面的生物。对林奈和其他一些人来说，帝国统治是上帝赋予他们的责任。

林奈视自己为第二亚当（Adam）。在伊甸园，亚当命名了上帝安置在那里的动物。林奈在乌普萨拉工作时，把大学的植物园重新设计成像上帝创造的样子，像地球上的一个微型天堂。（见图5）达尔文（Charles Darwin）那时还没有出生，林奈与他的许多同时代人一样，不相信变化和演化，坚持物种不变论。

按照他们对《圣经》的理解，世界上所有的植物从一开始

图 5 "林奈的乌普萨拉植物园"，图片来自卡尔·林奈 1745 年出版的《乌普萨拉植物园》（图片得到剑桥大学图书馆管理员许可）

就在伊甸园中了，林奈将伊甸园设想为赤道地区的一个小岛。他解释道，后来虽然为了适应不同环境，物种变得多样化了，但它们在根本上是一样的。林奈要让这种散播的过程反向发展，即将异域植物带回瑞典，来使乌普萨拉重现上帝原本创造的花园。

林奈延续着多个世纪以来的传统，在花园的内部秩序与堕落后的荒野之间划定了清晰的界限。整洁的苗床被分为一年生植物和多年生植物，这些都是严格按照林奈体系来安排的，就好像他把上帝的分类系统展现给参观者，供他们观赏、敬仰和学习。他把花园分成了4个部分，因为4是一个特殊的数字。伊甸园的4条河对应着世界4条大河，林奈对人类的划分也建基于4个大洲之上：欧洲、亚洲、非洲以及新近发现的美洲。

作为园长，林奈住在这个尘世天堂的外面，房子就在花园右前方的拐角。像花园一样，林奈的家也按照上帝造物的方式，设计成了一个微型博物馆。鸟儿栖息在靠墙的树枝垛上，墙上贴着印有植物图画的纸张，还悬挂着一些画像和植物标本。贝壳悬吊在天花板上，猴子、浣熊（他的宠物）奔跑在地质标本、科学仪器和拥挤的动物之间。所有装饰品中，最引人注目的是林奈虚构的拉普兰服饰和林奈的标志花——北极花——装饰的瓷器。

林奈像他的传教士父亲一样，展示着自己的改革热情，他开始采取行动，为新体系寻找信徒。他的手册类似于路德宗的年历，分为12章365个格言，每一天都有对应的植物经文。为了让自己的思想更加容易被看到，林奈的写作非常清晰，确保书的价格不会太高，并为植物采集、命名和栽培提供实用性建议。随着不断改进体系，林奈的著作丰富起来，他用瑞典语为国内人写作，用简单的拉丁语为国际读者著述。他的名声日益显著，吸引了全欧洲的访客。

多年来，林奈带领着近300人在乌普萨拉的乡下徒步旅行，并让他们相信，现在认识植物是如此容易。像对待花儿一样，林奈对人的分类也充满热情，他将追随者按照军事纪律分成小组，每个小组都由不同等级的长官统治，而自己则是将军。迟到者要接受惩罚，并且追随者必须穿非正式的制服。经历一番成功的远足后，林奈走在进军城镇的植物学大军的前头，他们挥舞着自己的战利品，还有乐队助兴。最后，乌普萨拉大学的校长出面干预了，指责学生忘记了自己的职责。校长以无意的自嘲的方式禁止了这些有趣的短途旅行，理由是："我们瑞典人是一个严肃又笨拙的民族，不像其他民族一样，能把快乐、乐趣与严肃、有用的东西联系起来。"林奈感到很震惊，部分是因为这些旅行非常有利：让民众接触到植物学是一项有利可图的事业。[7]

班克斯一直想向林奈表达敬重之意。在得知自己将随库克一起进行"奋进号"远航之前，班克斯告诉一位朋友，如果自己做出如下行为，千万不要感到恼怒："趁已至暮年的林奈还未逝世，为了能够获得一次机会拜访林奈大师，聆听其授课并从中获益，我会舍弃一切。"（从一位 24 岁年轻人的视角看，60 岁似乎已经极老了。）[8] 但巩固了自身的地位后，班克斯背叛了自己的诺言。那位老人也一定能意识到，班克斯正逐渐将他从欧洲最有权势的植物学帝王宝座上驱逐下来。

隐居于乌普萨拉花园边上那座杂乱的房子里，林奈却建立了一个科学帝国，触角伸向全球。在掌管着这个中心的同时，他把自己最优秀的学生，即他所称的"门徒"送出去，进行植物学朝圣之旅。他们有两个互补的任务。林奈指示那些按照他的方法接受了充分训练的门徒，要寻找独特的植物，并将它们带回，使其适应瑞典的气候，以实现国家的自给自足。另一方面，他们还要在全球植物学术团体内传播林奈福音。从长远来看，后者比前者更成功。林奈移植的作物大多枯萎了，但他的分类系统却因其简单性在国际范围内广泛传播。

　　林奈下达给使徒的指令更像是商业宣言，而不是植物学指示。他收集植物也不是因为它们的稀缺性，而是着眼于它们作为商品所具有的价值。虽然林奈致力于改革瑞典经济，但他的经济观不同于今日。对他来说，经济学与全球商业并无联系，而是关于如何依靠本土来开发上帝的自然经济体系。林奈不是数学家，因此对现代人所关注的供需平衡、提高工业产量等一无所知。相反，林奈努力节约自然界中的资源，因为他相信，上帝把自然界设计成了伟大且可以循环的经济体系。"经济"一词在旧时普遍被这样使用。林奈把世界设想成了一个自我调节的等级结构，自然的经济体系在不同的等级上发挥作用。每一个动物或每一株植物形成了自己小小的平衡系统，然后一起构成了当地环境中一个更大的经济体系，而这个当地的经济体系则进一步成为国家经济体系的一部分。林奈想通过使每个国家都能生产自己经济运转所需求的全部商品，来让这个世界恢复到上帝起初所创造的天堂的模样。

　　一些经济学家主张，上帝将财富散播于世界各地，为的就是鼓励国家之间进行贸易，但林奈却认为，上帝通过让瑞典能够在其境内满足自己的所有需求来使其繁荣。林奈把他的信徒派到国外去探寻有用的东西，甚至建议他们，在必要的情况下将商品走私带回瑞典。他从中国订购了茶树、制瓷用的黏土样品、橡胶、棕榈果以及要献给王后的一些活金鱼，事后来看，这最后一种或许是一个很聪明的策略。附言还带有点工业间谍的味道，瑞典科学院（Academy of Science）想知道，中国人是怎样提炼锌的？与之类似，一位美洲探险家要带回一些口味上佳的稻米，一些精选的桑树，这样瑞典就可以自己养殖桑蚕了，还要带回一种牛，它的长毛可以用于纺纱和编织。

林奈宣称，他的雄伟计划没有被明显的障碍，即瑞典的天气所吓退。他提出了一个"愚弄"植物的妙计，让植物逐渐适应越来越冷的气候：先在瑞典南部开始种植作物，然后一点点移向北方。有很多失败的情况，但任何事故都可以归咎于单个标本的脆弱；林奈争辩道，物种作为整体，一定能够通过缓慢的适应过程被驯服。

林奈还提出了一种关于高山气候的方便可用的理论。按照他的说法，生长在高山顶部林木线附近的植物，可以成功移植到北极的荒凉地带。他断言，那些土著游牧民族能够转化成农业耕种者来照看茶树、番红花草甸和雪松林，它们在冰川和覆满地衣的巨石之间也能繁茂生长。一些叛逆的学生的确反对过他的建议，认为这在科学上是无效的，但林奈指导的186篇学位论文中，大部分都支持他的结论。一点也不奇怪，因为其中的许多篇就是林奈自己写的。

回顾过去，林奈工程所取得的结果再明显不过了：瑞典依旧没有因为丝绸、咖啡豆、稻米或者其他异域作物的生产而威名远扬。尽管有科学理论的鼎力支撑，林奈的计划还是失败了。因为缺乏有效的保护，一些国外样本甚至没能到达瑞典，蜥蜴、孔雀和一些纤弱的植物经不住漫长且饱经风暴的海运，难以到达北方。一些热带植物也的确曾在林奈的乌普萨拉花园里短暂繁荣过，但很少有能够持久的。他的门徒死亡率也很高，许多死于热带病，或者溺于海中。

遗憾的是，林奈错过了一些非常好的机会。如土豆，非常耐寒，且富有能量，本来可以成为他的一个成功案例，但林奈认为它们有毒。他争辩道，它们毕竟与颠茄①有关，甚至连猪都会讨厌它们。虽然当时的瑞典食谱中没有烹制土豆，但在1748年，一位妇女灵机一动，把土豆加工成了假发粉和白兰地。作为对其灵感的奖励，她被选入了瑞典科学院，而且是20世纪之前科

---

① 颠茄（*Atropa belladonna*），茄科草本植物，原产于西欧的多年生草本植物。全株有毒，特别是根部和根茎毒性最强。叶片表面会出油状液体，接触皮肤会引起过敏，严重时导致溃疡。——译注

学院中唯一一名女性。

　　科学家们通常宣称，要提供对自然的客观描述，但林奈科学明显受到其政治议程的推动。因为他想把瑞典变成一个"不依赖于外国人的国家"，他想到了，并且也真诚地相信，植物学理论是实现瑞典自给自足的最合适方法。[9] 作为著名分类学家，林奈说服政府和瑞典科学团体来为他的想法投资，因为他关于自然经济体系的理论，与国家财政经济自给自足的野心相一致。听从林奈的建议，瑞典开始了一系列的实验，旨在完成双重目的：尝试一种新的经济体系，改变现有实用植物的分布。但这些试验在这两重目的上都失败了，林奈的名气开始下降。19 世纪早期，他的乌普萨拉花园里就长满了野草，温室变得破败不堪。

　　在英国，循规蹈矩的植物学家都对林奈分类体系中的性隐喻感到胆寒。他们利用机会制造了一个苍白的双关语，来嘲笑林奈"花言巧语"的风格，这个双关语也表明了人们对幽默的品位是如何变化的。林奈已经清晰地表达出了花和人类生殖器官之间的相似之处。1735 年，他解释道，"花萼是卧室，花丝是输精管，花药是睾丸，花粉是精子，柱头是女子外阴，花柱是阴道。"如此赤裸裸的解释看上去很不体面，一位批评家气愤地说"这会脏了英国人的耳朵"，特别是对半数的人口来说。就像一位神职人员所抗议的，"林奈植物学足以毁掉女性的端庄"。[10]

这种新的瑞典体系流行得很慢。虽然到18世纪中叶植物学家都已经熟知这个体系，但50年过去了，争议依旧存在，尽管林奈的门徒为此奋斗不止。就连林奈的朋友米勒（Philip Miller），这位掌管切尔西药用植物园（Chelsea Physic Garden）的植物学家，也经过了许多年才转向林奈体系。当这个药用植物园最终按照林奈的计划重新安排时，园丁们都在抱怨额外的工作。他们抗议说，许多植物都"来自国外，本性很脆弱，尤其是那些温床上培育的植物，需要经常地更换或改变培养环境"。[11]

首先采纳林奈体系的一个机构是大英博物馆（British Museum），它成立于1759年，归功于皇家学会主席斯隆爵士（Sir Hans Sloane）① 去世后，将其著名收藏——大约8万件藏品捐给了国家。像其他早期的狂热收集者一样，斯隆将很多现在看来没什么共性的物件归在同一门类下。在皇家学会的干预下，

---

① 斯隆（1660年～1753年），英国博物学家，内科医生，收藏家，去世后他的71000件藏品（数量依据大英博物馆官方网站与本书描写有出入）根据遗嘱捐赠给了国家，成为大英博物馆的发端。——译注

它们被重新分类，这种分类方式今天看起来会更加熟悉。

之前对稀物珍品和自然奇观——如畸形胎儿或超级大贝壳进行展示时，都要靠人工物，比如贵重钱币或古代乐器来吸引人们的注意力。但是现在，在大英博物馆中，自然物和人工物实际上被分别藏于新建筑的两个部分：一边是书、手稿和奖章，另一边则是博物学标本。多年来，珍藏的长颈鹿在楼梯顶端若隐若现，直到1881年，动植物藏品才被转移到今天在南肯辛顿（South Kensington）的处所。斯隆一直是反对林奈体系的，但新博物馆的首任馆长却坚持用林奈分类体系来管理花园和室内展览的动植物。他甚至建议，将存放干燥植物标本的橱窗建成24个抽屉，每一个抽屉存放林奈所说的一个纲，就像林奈之前制定的说明一样。

渐渐地，关于林奈思想的英文翻译和评介开始出现。18世纪下半叶，林奈植物学变得非常流行了，以至于博物学家可以通过组织田野旅行来赚钱，流行杂志也鼓励公众把植物收集活动作为一种业余爱好。李（James Lee）创作了当时最有影响力的书籍之一，他是伦敦一家专门培育国外植物的大型苗圃的主人（正是在瞻仰李的珍稀植物时，班克斯首次遇到了"最美丽的花朵"——之后，布洛塞就被抛弃了）。[12] 李与林奈相互通信，林奈以李的名字命名了一类植物——火筒树（属）（*Leea*）。借助自己的实际经验，李制作了一个指南，这样把林奈思想应用于英国花卉就变得简单了。

这些新出版物的目标人群通常是女性，女性热衷者如多萝西·华兹华斯（Dorothy Wordsworth，那位著名诗人的妹妹）与王后夏洛特（Queen Charlotte）。夏洛特和女儿为了躲避国王乔治三世（George Ⅲ）的精神失常而退居到温莎公园（Widsor Park），在这里，她"坐在一个自己非常喜欢的温室之中，读书，写作，研究植物"。迎合上流社会读者的作家陷入了两难境之中。一方面，研习花草对女性来说似乎是一种理想的休闲方式：不用太耗费脑力，这种优雅的消遣方式既可以在家中安静地进行，又包含了一些医疗实践。另一方面，植物学词汇却充斥着性方面的影射。

威瑟灵（William Withering）是一名内科医师，因善用毛地黄（foxglove, *Digitalis*）做药来治疗心脏病而闻名，他选择了林奈植物学的"纯净"版本。在他那本畅销的教科书中，他把引起争议的词汇翻译成了无害却毫无意义的英语等价词，如"chives"和"pointals"。他明确宣称这部著作为女性而写，旨在让植物学变得更加"健康、纯洁"，"这样就可以反映出伟大创造者的美、智慧和力量了"。[13] 随着威瑟灵对植物学词汇的删改，里面的性和拉丁语部分得到了纯净，女性可以安全地谈论花卉，而不必担心因使用不得体的性词汇或迂腐之词而遭受指责了。

另外一些植物学家则反对这种方法。他们评论说，隐藏林奈体系的基础理论，毕竟会大大偏离它的要点。其中最直言不讳的反对者是威瑟灵的朋友伊拉斯谟·达尔文（Erasmus Darwin）①。他也是一位医生，他的演化思想后来被名气更大的孙子查尔斯·达尔文捡起来了。达尔文听取了优秀的字典编纂者约翰逊（Samuel Johnson）的建议，忠实翻译林奈的著作，保留了许多拉丁术语，并明确了林奈方法的性基础。达尔文很聪明，他把自己的版本献给皇家学会的新任主席班克斯。班克斯感到很荣幸，借给达尔文图书，并校对他的作品。

更有争议的是在 1789 年，达尔文最终鼓起勇气，发表了他的长诗——《植物之爱》（*The Loves of the Plants*），来颂扬林奈的性理论。诗歌充满了浪漫色彩和色情内容，加上旁征博引的脚注，取得了巨大的成功。《植物之爱》增强了植物与性放荡之间的紧密联系。达尔文借助了神话中的片段，用 1700 多行诗句将林奈体系转变成押韵的对句，并毫无顾忌地沉迷在色情内涵中。

---

① 伊拉斯谟·达尔文（1731年~1803年），查尔斯·达尔文的祖父，诗人、医生、博物学家，进化论先驱，伯明翰"月光社"会员。——译注

在他的淫秽天堂中，男神和女神随意结合，恣意寻欢。各种类型的女性，贞洁的处女、羞怯的美人、爱笑的佳丽、危险的塞壬①，反映了乔治王朝时期绅士的欲求和偏见。下面一段展示出达尔文如何描述二蕊紫苏属（*Collinsionia*）植物，它有两个雄蕊、一个雌蕊：

> 科林望族中的两位兄弟情郎，
>
> 具有相同的特征，相同的外表，
>
> 对美丽的科林森尼娅拥有同样的爱，
>
> 黑色眉头紧蹙，眼珠不安地转动，
>
> 面对这幸福的烦恼，可怜的美人感到痛惜，
>
> 一笑泯顾虑，交替占有这对好嫉妒的兄弟。[14]

《大英百科全书》（*Encyclopaedia Britannica*）认为，第二纲的植物尤其受到谴责。它告诫道，"通常来讲，人们不会想到在植物学体系中会遇到这种令人恶心的淫秽之事"，"但是……淫秽恰恰是林奈体系的基础"。[15] 牧师理查德·波尔威尔（Richard

---

① 希腊神话中的塞壬（siren）是个半鸟半女人的怪物，常用美妙的歌声引诱航海者触礁溺亡。后来，这个词的意思引申为妖艳而危险的女人。——译注

Polwhele）认可这一观点。他用《无性女性》（*The Unsex'd Females*）来反击，诗篇模仿了达尔文的长诗，攻击充满性色彩的植物学，还同时中伤了那些思想解放的女性。波尔威尔与他同时代的许多保守主义者一样，希望女性矜持、听话、深居简出，他还对争取女性受教育权的玛丽·沃斯通克拉夫特（Mary Wollstonecraft）进行了最激烈的批评。二蕊紫苏属给波尔威尔提供了用来讽刺沃斯通克拉夫特的理想意象。他批评了"植物学上的这种嬉戏"，并把沃斯通克拉夫特描述为同时拥有两个情人、荒淫无度的"那位美人"，这个挖苦正中要害，因为谣言这样传播着沃斯通克拉夫特的爱情故事：

> 听听她所说的！挑动情欲的话语向四周扩散；
> 在这种欲仙欲死的声音里，寻欢作乐者的内心在战栗……
> 带着激情，充满刺激，科林森尼娅面色红润，
> 弯腰，下身满足着他们不受束缚的性欲……
> 洗澡时又开始了新的享乐，那位美人迎接着闺房的另一位，
> 与每一朵花都能激情燃烧。[16]

植物学是色情的、危险的，并且也是一个大产业。当出版商

桑顿（Robert Thornton）出版李的《植物学导论》（*Introduction to Botany*）新版时，为了提高销售量，写了一篇关于班克斯和布洛塞的八卦导言。在一个持续多年的项目中，桑顿希望将大量昂贵的植物学图鉴与林奈的文字组织在一起，来赚取巨额财富。桑顿委托著名艺术家来绘制精美的异域植物彩图，并设计了好几种方案进行推销，包括出售部分作品和一套被称为《植物殿堂》（*The Temple of Flora*）的精美雕版画。随着其财富不可挽回地骤然下跌，桑顿开始运营"皇家植物学彩票"，这个活动的一等奖包括林奈肖像（图4）。这样，一件商品的促销也推销了另一种商品，但桑顿雄心勃勃的计划被证明是一次商业失败。

　　更保守一些的公司确实在普及新体系方面取得了成功。截止到19世纪初期，出现了各式各样的著作，不仅博学多识的绅士，就连受教育程度较低的公众，如妇女、工人也都可以接触到林奈分类体系。"纯净化了"的林奈分类体系意味着，植物学成为少有的适宜女孩学习的科目之一，并且它也鼓励母亲带领自己的女儿进行健康漫步、采花。女性作家也开始写作一些简单的入门书，所有年轻的孩子，不论男女，都熟悉了分类系统的基本原则。

　　正如林奈所吹嘘的，他的体系并不必然局限在中产阶级。

英国曼彻斯特周边，纺织工人建立了非正式的植物学学会，他们在当地的酒吧碰面（虽然会员们在喝醉后会被罚款）。这些技工兼植物学家先把收集到的植物堆放到桌子上，然后对照林奈的教科书来辨认他们的标本，通过这种机械重复，即使未受过教育的劳动者也能习得植物的名字。杰出科学家要寻找珍奇物种就得靠这些地方能手，为了在乡下收集到不寻常的标本，他们承担了艰苦的工作。一位织工具有如此之决心来掌握林奈的24个纲：他将其写在"一页纸上，并将纸固定在织机上，这样，只要坐下来工作，就总有机会温习一番"。[17]

# 第三章　英国植物学家

　　国家的政治形态可以比喻为一棵树，根基是农民，较低的树枝是零售商，高一些的是制造商，花、果是绅士和贵族。如果我们不给根部肥料，树枝、树叶、花、果一定会衰退或枯萎，事实上，根部获得营养越有效率，上面的整体就会越茂盛和繁荣。

——摘自 1815 年 2 月 10 日班克斯给英国首相的信

班克斯是如此地与众不同。约翰逊的传记作家鲍斯威尔（James Boswell）认为，班克斯就像一头"大象，非常平静、温和，允许你骑在它的背上，玩弄它的鼻子"，但皇家学会的一些会员，却对他们的领导者有着完全不同的评价。他的对手在小册子中批评"主席对统治权有一种病态的嗜好"，意在推翻班克斯的领导权："他认为自己生下来就是为了成为统治者（天哪，人类是多么无知啊！），他想象不到，自己既无智力水平也无道德品质去成为统治者。"[18]

　　就像班克斯活着时人们对他有不同的评价一样，他死后的名声也是跌宕起伏。早期的讣告慷慨地表扬着他对科学的贡献，宣称"他将自己……遗赠给了这个国家，只要科学还被鼓励、被尊重，他的名字就会一直被纪念"。这是一个不幸的预言。从那时起，科学繁荣了，但英国人几乎不再听说过班克斯，除非他们去过澳大利亚，班克斯在那里被奉为民族英雄。[19]

班克斯（1743 年 ~ 1820 年）拥有多重身份，这里只提及三个：贵族地主、植物探险家、科学管理者。父亲在他刚会走路的时候就去世了，班克斯和妹妹莎拉（Sarah）都知道，当他长至21 岁时就可以继承他们的乡下地产了，另外还有每年超过 6000英镑的可观收入。以下是一些对比：掌管切尔西药用植物园的米勒年薪为 50 英镑，大英博物馆的首任馆长年薪为 200 英镑，掌管"奋进号"的库克薪水远超一般水平，每天 5 先令，大约每年 90 英镑。

班克斯的童年是在乡下度过的，尤其擅长打猎、射击和垂钓。相反，在伊顿公学，他是一位无精打采的学生，经常给老师制造麻烦，直到 14 岁他经历了一次保罗式皈依[①]，迷上了植物学——这是有关他生活的一种传奇版本。他付费给当地的采药女，让她们传授专业知识，并偷走了母亲更衣室里的一本植物学教科书。[②] 这是班克斯有史以来第一次在业余时间读书。

---

① 该故事源自《新约圣经》：圣保罗作为犹太人，起初敌视基督教，迫害基督徒；但耶稣受钉十字架之后，他皈依了基督教，开始帮助基督徒。——译注
② 指17世纪早期约翰·杰拉德（John Gerard）的 *The Herbal*。——译注

18 世纪英国只有两所大学——牛津和剑桥，入学资格是金钱和宗教，而不是智力。班克斯在牛津大学读书，这里的学生将更多的精力用于饮酒、骑马、赌博，而不是学术工作。起初的几年，班克斯的叔叔严格控制他的支出。虽然他确实没有获得学位，但班克斯习得了植物学，并扩充了自伊顿公学以来的植物收藏。在接管了自己的财富后，班克斯经常穿梭于牛津的住房——掌管了一生的林肯郡庄园——和紧挨大英博物馆的伦敦市中心公寓之间。正是在大英博物馆，班克斯遇到了索兰德（Daniel Solander）①。索兰德在决定定居英国且与瑞典断绝关系之前，曾是林奈最喜爱的门徒。班克斯又开始像往常一样，去拜访并欣赏斯隆的收藏品和切尔西药用植物园；林奈的朋友米勒从世界各地为植物园收集了 5000 种植物。

班克斯 23 岁时首次踏上了国际探险之旅，这是一次为期 9个月奔赴加拿大②的旅行，军舰上还有另一位富有地主的儿子

---

① 索兰德（1733 年 ~ 1782 年），瑞典博物学家，林奈学徒，受博物学家邀请到英国讲授并传播林奈分类体系。1763 年，他谋得了一个大英博物馆的职位，在这里结识了班克斯，并随他航海探险，成为班克斯的得力助手，二人一起研究动植物的分类、命名与全球移植。——译注

② 这次航行到达的是加拿大东北部的纽芬兰（Newfoundland）和拉布拉多（Labrador）。——译注

菲普斯（Constantine Phipps），后来成为贵族阶层的北极探险家。班克斯克服晕船，积极地搜寻海草和水母，并记录下详尽的日志。日志展现了他的文学技巧，也显示出他对科学兴趣和运动兴趣的结合："晚上，我们出去钓鱼，在这个海港上，根本没有运动，但似乎有大量的小鳟鱼。我没发现任何大的。今天杀死一种老鼠……这与英国的品种完全不同。"①

当后来与库克一起远航时，班克斯只是这次政治任务的编外人员，他跟随船队从事科学工作，但几乎控制不了要去哪里。他在评论英法殖民者与土著居民的争议时，偶尔点缀着他发现螃蟹或忍冬时高兴的呼喊。尽管要面对热病、风暴和异域食物，班克斯依旧带回了几百个物种。包括一头豪猪，"连生三四天闷气之后……开始吃食，我很有希望将它活着带回去"。[20]

成就被认可后，班克斯很快被邀请加入了皇家学会。像其他一些会员那样，他锦衣玉食，却能严肃地对待自己的科学兴趣。他想，还有比跟随"奋进号"去进行科学探险更好的方式来

---

① 作者摘录本段的一个目的是想说明班克斯糟糕的文笔，因此有必要在此再现原文："In the Evening went out Fishing had no sport at all at the harhours mouth tho there seemed to be abundance of Small Trout saw no signs of Large ones Killd today a Kind of Mouse ... which Differs scarce at all From the English Sort."——译注

用掉自己继承的财富吗？班克斯将大量钱财投入到了这项私人计划之中——收集仪器，聚齐伙伴，包括索兰德和另一位林奈门徒。① 接下来的一年他向南海进发了。

班克斯的离去是布洛塞生活的转折点，但那个时候还很少有人能意识到，"奋进号"航行将对英国科学和帝国扩张产生多么重要的影响。只是在他返回之后，探险的重要性才开始浮现出来。班克斯热情地接受了这份荣耀，并开始致力于宣传自己。

仅仅过了几个月，班克斯的叔叔就委托韦斯特（Benjamin West）制作了一幅华丽的肖像图（见图 6）。为了取悦亲朋好友，那些去意大利进行教育旅行的年轻绅士往往在制图时摆出姿势，显得他们像英雄一样站立于古典的废墟之中。班克斯的教育旅行纪念图是在画室中完成的，但图像还是展现了一位国际旅行家的形象。深红色树皮材质的幕帘环绕在人工背景上，班克斯的周围堆放着他从太平洋地区收集来的工艺品。

或许是为了影射班克斯在奥贝拉的小船上弄丢了自己的衣

---

① 指Herman Spöring，在班克斯团队中担任秘书和画家。——译注

图 6 "约瑟夫·班克斯"（图片的最初名字为"裹着新西兰披风的绅士之全身像"），韦斯特于 1771 年 ~ 1772 年绘制，1773 年由史密斯（John Raphael Smith）完成铜版印刷（版权归大英博物馆所有）

服那件事，他穿着一件上好的毛利人斗篷，遮住了他那镶嵌着金纽扣和有着白色褶边袖口的海军制服。

　　和林奈的肖像（图4）一样，这是一幅帝国殖民者的形象：它与现代士兵肖像一样，穿着他们所征服的美洲土著的服装。这些穿着不同文化下服饰的人正吹嘘着他们在国外的经历：生存了下来并且没有被土著力量打败。班克斯偷来的稀有之物，如罕见的塔希提锛子就在右下角，成了他遭遇异域种族的证据。之后，它们就被放入了博物馆，以供英国人瞻仰。

　　即使在职业生涯早期，班克斯也懂得图像宣传的力量。这幅图陈列在皇家艺术学院①，然后被制作成雕版画销售，这样人们既可以把它挂在自己的墙上，又可以把它存放在画册里供宾客赞赏。班克斯将自己呈现为一个年轻的帝国探险者，对贸易机会有着敏锐的洞察力。他手指着由麻线制作并饰有上等狗毛的金色斗篷，是要强调新西兰盛产亚麻，而英国海军的航海活动是如此需要它们。他左脚边的植物图鉴进一步宣传了科学研究给国家带来的好处，著作敞开在亚麻图像那页。

　　通过展示国际探险的商业回报，班克斯宣传了一种新的社

---

① 原文简写为Royal Academy，经作者确认，是指Royal Academy of Arts（皇家艺术学院）。——译注

会职业，即科学探险家的价值。在他的推动下，英国男性探险家的形象发生了转变，先前是纨绔贵族在教育旅行中颓废堕落，现在变成具有男子气概的英雄，为了英国和科学利益去舍身冒险。然而，班克斯自己再也没有离开欧洲去冒险。他跟随库克第二次远航的计划失败了，明显是因为海军部担心班克斯利用整条船来满足自己的需求。他们抱怨说："班克斯先生似乎认为整条船完全为他所用……并且以为他是整个活动的领导者和指挥者；他不具备这样的资质，如果真的授予他这样的权力，那就是皇家海军官员的耻辱。"[21]

　　虽然班克斯留守国内，但接下来，他承担起了让其他年轻人踏上政府资助的科学考察船的责任。他说服政府资助国际航海，保证了这种英雄角色能够延续下去。雪莱夫人（Mary Shelley）所著的《弗兰肯斯坦》（*Frankenstein*）中的沃尔顿船长就是科学探险家的化身。在通往北极的路上，沃尔顿写信给他的妹妹，跟她提起儿时读过的文学作品，里面充斥着早期探险活动中的惊险传说，如库克和班克斯的故事。这看起来几乎就是一个戏仿，沃尔顿吹嘘了自己是如何为科学事业而牺牲自我的："我自愿忍受寒冷、饥饿、口渴与睡眠不足；我的夜晚都用来研究数学和医学理论……我的生活可以在安逸和奢华中度过，但与生命之路上的财富诱惑相比，我更喜欢荣耀。"[22]

在创造沃尔顿的辉煌信念时，班克斯起到了关键作用，但即便班克斯本人，在生前也没有实现这种信念。三年航行之后，班克斯树立了自己作为探险家的声誉，便在伦敦俱乐部和林肯郡的庄园里过上了安居的生活——他硕大的身躯也反映出了他对大都市享乐的热衷。除了那次简短的冰岛（Iceland）之旅，他极少走出国门（虽然为了帮朋友摆脱酒精依赖，他确实访问过法国一次）。但他的公共形象代理人却工作得非常卖力，将出版物中的班克斯描述为一个勇敢的旅行家，他拒绝了"奢靡的诱惑，去探索未知的世界，去培植人类心灵中最强健的品质"。[23]

与 18 世纪的许多绅士一样，班克斯也热衷于享乐。哲学家休谟（David Hume）回忆起与班克斯、菲普斯（那时已经成为勋爵①）和海军大臣桑威奇伯爵（Earl of Sandwich）在乡下旅馆里的情形。休谟写道，"随行的还有两到三位兴高采烈的夫人。他们已经在那里度过五六天了，并且还打算在这个地方过完这

――――――――――
① 1775年，父亲死后，菲普斯继承爵位，成为马尔格雷夫男爵（Baron of Mulgrave）。——译注

周和下周。他们的主要目标是享受鳟鱼季。"这是在 1776 年，正值英属北美殖民地宣布独立之际。休谟发现，更令人奇怪的是帝国都已经解体了，海军部的领导人还可以花费三周时间在这里垂钓。[24]

从太平洋回来后几年的时间里，班克斯成了国王乔治三世的知己，他定居在伦敦一个非常舒适的房子里，然后结了婚，妻子比自己更富有。两人没有合法后代，妹妹莎拉搬进来后，班克斯可以享受这和谐的三角家庭之乐了（ménage à trois）[①]。每年夏天，班克斯家庭的三位成员和大量仆人都会搬往林肯郡几个月，在那里班克斯可以专心经营他的乡下地产。他的房子名气很大，倒不是因为有多奢华，而是因为他们很好客。班克斯坦诚、率直，而莎拉因着装怪异受到非议。虽然她对收集也有同样的热情，但缺乏正规教育，被排除在男士聚会之外。与其他聪明女孩一样，莎拉只能通过她的哥哥来间接从事科学。

1778 年皇家学会前任主席辞职，班克斯成功地拉拢了足够的支持而当选，即使那时候他只有 35 岁。接下来的 42 年，班克

---

[①] ménage à trois 为法语词，原意指夫妇与其中一人的情人三人同居。但本文作者用该词仅指班克斯的妹妹终身未嫁，一直与班克斯夫妇在一起生活，一起工作。——译注

斯运用权力之网管理皇家学会，使科学成为大英文化的核心。他在苏豪广场（Soho Square）的房子也成了世界科学帝国的中心。在这里，班克斯收集到大量的博物学标本，日后成为大英博物馆馆藏的根基；他邀请同事，如索兰德参加他著名的早餐活动，科学研究者可以借此谈论最近的收获。他还与世界各地的人有通信往来，存下来的 2 万封信（估计总共 10 万封）构成了强有力的证据，说明班克斯工作是何等勤奋。与林奈一样，班克斯显然也热衷于分类，因此他设计了一个极其精细的归档系统，这样他就可以效率更高地检索资料了，不管他是在伦敦，还是在林肯郡的家中。

　　大学各系之间相互独立，现代学院的学员都分文理科。与之相比，班克斯和同时代人都具有很强的社会交往能力，他们能够跨越学科界限，把工作和娱乐结合在一起。希腊语专家和数学家可以同时被招录进皇家艺术学院，以此提高学院在学术界的地位；贵族和艺术家也可以共同存在于皇家学会这个号称"世界最早的文学学会"中。[25] 除约翰逊（Samuel Johnson）、鲍斯威尔（James Boswell）和其他杰出作家以外，班克斯的密友还包括艺术家、皇家艺术学院主席雷诺兹（Joshua Reynolds）。班克斯和雷诺兹两位主席共同主宰了都市精英的生活。他们之间相互拜访，参加皇家学会的会议，参加皇家艺术学院的展览会，并都属于相同的俱乐部。

他们把大部分时间都花在了专门的男性团体之中。在法国，女性可以经营相当有影响力的沙龙，男女都可以参加；英国则不同，男女混在一起谈论学术的情况比较少见。虽然班克斯拥有几位情妇，但据说他很不擅长同女性交谈。雷诺兹画了两幅集体肖像画，内容是关于业余爱好者学会（Dilettante Society）的，该学会是一个专门为男性开设的餐饮俱乐部，资助出国艺术旅行。这两幅图画展示了班克斯和他的男性贵族朋友是如何把他们对精美文物的品评，与对美女、红酒具有绅士派头的鉴赏活动结合在一起的。他们举起放大镜，凝视着为鉴赏而托起的两样东西：一颗精美绝伦的宝石和一位夫人的吊袜带。

皇家学会主要分为两个大的派别——班克斯的支持者和反对者。虽然班克斯善于运用策略，让富有的和影响力大的支持者资助重要的委员会，但他几乎没有发表过学术论文。赢得主席票选是因为他是富有的博物学家，还与贵族有联系，但有些会员更喜欢对物理、数学、科学的技术应用感兴趣的学者。批评者再三指责班克斯是一个无知的业余爱好者，让学会里充斥了他的朋友，还专制地改变了管理方式以加强自身地位。

在漫长的任期里，班克斯对可能造成学会分裂的争执保持着警惕。与做出小的让步以平息反对者相比，他更喜欢巩固自己的地位，并保持学会的传统活动。班克斯担心科学革命和政治革命联系到一起，于是采取了保守的方式。40年的主席生涯之后，这种方法看起来确实有些老套了。虽然有许多会员叫嚣着变革，但班克斯向一位老同事这样吹嘘："我在皇家学会中的朋友并没有沾染改革狂热症。"[26]

尽管班克斯很优秀，但还是有人经常讽刺他，并不断提起旧时的性事来诽谤他。图7展示的是格里尔雷（James Grillray）的讽刺画，该图出版于1795年，是为了嘲讽班克斯最近从国王那里得到的奖励：巴斯勋位（The Order of the Bath）的红色绶带。这项荣誉通常是颁发给外交官和士兵的，因此，班克斯在随后所有的肖像中，都骄傲地展示了他的星章和绶带。毫无疑问，这展现了班克斯个人的虚荣，但该荣衔确实展现出他是如何使科学变得对国家如此重要。在官方典礼上，班克斯穿着他的粉红色和白色丝质套装，搭配了一顶鸵鸟羽帽，装饰暗示了英国优良传统的传承（虽然这是糊弄人的，因为该勋位不过始于1725年）。

The great South Sea Caterpillar, transform'd into a Bath Butterfly.

*Description of the New Bath Butterfly, taken from the Philosophical Transactions for 1795— This Insect first crawl'd into notice from among the Weeds & Mud on the Banks of the South Sea—& being afterwards placed in a Warm Situation, by the Royal Society, was changed by the heat of the Sun into its present form.—— it is noticed & valued Solely on account of the beautiful Red which encircles its Body, & the Shining Spot on its Breast; a Distinction which never fails to render Caterpillars valuable.——*

图 7 "南海毛毛虫成长为巴斯蝴蝶",詹姆斯·格里尔雷绘制,1795 年(版权归大英博物馆所有)

　　革新派嘲笑班克斯的保守主义态度，但顽固的保守派却认为他代表一种新的科学方法论，恐怕要永远地改变大英帝国了。班克斯左肩附近的贝壳是象征着法国革命的弗吉尼亚帽（bonnet rouge）①，并且他的衣服以红、白、蓝为主导色。在那个色彩鲜明的原物上，粉红色、黄色的壳与蓝色、绿色的翼形成了鲜明对照。为了使人们联想到之前的色情讽刺，吉尔雷突出了班克斯式毛虫的堕落性行为和生殖特性，它正从塔希提岛的土壤中升起来，要化为一只巴斯蝴蝶。在图画长长的手写体说明文字中，吉尔雷模仿皇家学会期刊的学术语言，描述"这只巴斯蝴蝶……首先从南海边的水草和淤泥里爬到人们的视线中……因为那条环绕身体的美丽红线和胸部的闪光点，它就可以引起我们的注意和珍视，这个特征让毛虫永远尊贵"。27

　　到目前为止，班克斯的形象是一位有影响力的统治集团的一员，阳光来源处的王冠暗示了他与乔治三世的亲密关系。正如一位同事诙谐地说，班克斯接受了国王的任命——科学事务

———————————

① 16和17世纪欧洲流行一种说法，即在古希腊和古罗马，获释的奴隶会佩戴弗里吉亚帽，弗里吉亚帽因此与自由和解放联系起来。在18世纪美国革命和法国大革命中，弗里吉亚帽成为象征自由和解放的标志并广为传播。例如在名画《自由引导人民》中，自由女神就佩戴着弗里吉亚帽。法兰西共和国的国家象征玛丽安娜也戴着弗里吉亚帽。——译注

部部长（Minister of Scientific Business）。[28] 管理皇家学会，督办造币厂，监管农业委员会（Board of Agriculture）和格林尼治皇家天文台（Royal Greenwich Observatory）等，班克斯在科学与政府之间建立起了强有力的联系。将囚犯送往澳大利亚，组织非洲探险，在邱园中培植异域作物等，班克斯是一位精力旺盛的委员，在大英帝国扩张中发挥了关键作用。

但恶毒的讽刺画和讽刺诗一直流传着。曾有一段时间，"追捕蝴蝶的麦克鲁尼"（图 2）被图片商展览于河岸街（the Strand）① 的商店橱窗里，其他一些批评家也利用了这个主题——班克斯愚蠢地追逐稀有蝴蝶。品达（Peter Pindar）的攻击最著名，品达是一个假名，他模仿公众人物的口吻写了一篇长长的八卦诗，班克斯是其中的主要受害者。为了给品达的诗篇配图，漫画家罗兰森（Thomas Rowlandson）提供了一幅卷首插图，来讽刺班克斯在苏豪广场"跳蚤室"里的植物学早餐。那些著名的客人并没有高雅地谈论他们的标本，而是贪婪地吞食异

---

① 河岸街是英国威斯敏斯特市一条街道的名称。河岸街西起特拉法加广场，东至伦敦城圣殿关处与舰队街会合，商业繁华。——译注

域动物：

> 他们十分勇敢地咀嚼着，
>
> 沾满油脂的嘴唇令人发笑，
>
> 吞食着咖啡，黄油面包，
>
> 整个屋子像鸟巢一样叽叽喳喳。[29]

　　班克斯为自己的公共形象而担忧。他很有可能尝试过去封锁一篇特别恶毒的讽刺文章——《哲学小丑秀》(*The Philosophical Puppet Show*)，因为几乎没有原稿能够存留下来。这个粗暴的讽刺诗篇嘲弄的是马基恩爵士(Sir Joseph Margin)(这是个糟糕的双关语)和那些向他溜须拍马的支持者。虽然诗篇匿名发表，但很显然，这是1784年反对班克斯集权统治、威胁分裂皇家学会的一位数学家所撰写的。一方面，这次斗争缘起于物理学家和博物学家的分歧，缘起于近代定量化与老式品鉴赏玩之风的不同；另一方面，这次争执也是阶级之争。班克斯的一个密探报告说，反对者都将这次可恶的争论看作"科学研究者对抗社会的麦克鲁尼"。他注意到，叛党主要从底层人士那里获得支持，这些人感到"再也不能受麦克鲁尼式达官贵人的欺压了"。[30] 班克斯通过与他们联盟的洽谈，平息了这次叛乱，但在他长长的任期里，这种不满一直处于即将爆发的状态。

除了镇压这些反对者，班克斯还积极采取措施，来提高自己的声誉，比如，他监管着自己肖像画的制作，并大力吹嘘那些颂扬自己的雕版画的销售量。对媒体的这种控制，他尽力保持着谨慎。有人热心地建议，将其图像制作在塞夫勒（Sèvres）① 纪念花瓶上。在回应这种做法时，他故作镇定地坚持说："我感觉不到，在我的性格中，虚荣会是一个突出特征。"然而，他责骂且拒绝了这种"蓄意又不厚实的赞扬"，是因为他不同意花瓶的图案。[31]

班克斯最喜欢的艺术家是菲利普斯（Thomas Phillips），他是皇家艺术学院会员，如今因穿着阿尔巴尼亚（Albanian）服饰的拜伦爵士肖像图这一作品而闻名，此图采用了夸张手法。正像韦斯特所画的班克斯像（图6），或者更早的林奈像（图4），这是一个不同文化服饰混穿的案例。拜伦的诗人衬衫从他金色和红色的天鹅绒外套里面露了出来，但为了真实，他那引人注目的包头巾 ② 本应该被换成小红帽的。拜伦认真地摆着姿势，以巩固他作为英

---

① 塞夫勒是巴黎郊区的一个小镇，以生产优质瓷器而闻名。——译注
② 原文如此。——译注

国最成功（也最臭名昭著）的浪漫主义诗人的名声。与之相似，班克斯确信菲利普斯的绘画也能为自己宣扬权威。

菲利普斯绘制了几个不同版本的班克斯肖像图，所有这些都以他的第一幅为基础，在这幅图里，班克斯装扮成了国家最优秀的科学顾问（图8；不幸的是，这幅雕版画虽然质量很高，却去掉了原画的一些元素）。除了两次复制自己的原作，菲利普斯还改变了装饰，让班克斯的装束呈现出不同身份，包括乡村地主和园艺学会（Horticultural Society）主席。这些肖像图都进行了公开展览。然而，私人委托制作的画像，却从没有进行过印刷，这种图画展示着班克斯的老无所用：穿着特制的靴子，被痛风病限制在他的座椅上。

菲利普斯的肖像画（图8）代表了以班克斯为原型创作出来的第二个主要角色——科学管理者。倚在主席宝座上，班克斯流露出一种权威，他似乎正在认真倾听着，以便做出判决。他穿着奢华的黑色上衣，戴着项链和手链，里面套一件白色丝质背心，背心上装饰着色彩斑斓的小花，正好迎合了他作为植物学家的身份。

头顶的盾徽、横在图像前方的仪式权杖和墨水台，与图中斜挎的巴斯勋位绶带那压倒一切的红色一起，强调了他类似于王权的地位，身后座椅的皮质靠背和右手下边精美的绒质软垫与

图 8 "约瑟夫·班克斯",菲利普斯(Thomas Phillips)于 1808 年绘制,施瓦内提(Niccolo Schiavonetti)1812 年雕版印制(版权归大英博物馆所有)

绶带恰当地搭配起来。

　　当班克斯得知，这幅画像即将在皇家艺术学院展出时，他致信菲利普斯，明确了一些重要细节：必要地展现自我。他老练机智，要求把一位西班牙作者的小册子放在中间正下方，这个人是一位数理天文学家，希望感谢班克斯对他的资助，便委托艺术家作了这幅画。然而，对于手中所拿的更为显眼的论文，班克斯坚持认为，应该是戴维（Humphry Davy）最近所做的演讲。戴维是电学和化学实验家，强烈反对班克斯的专制领导，并最终接任他成为皇家学会主席。班克斯知道，他在皇家学会的小帝国面临着分裂的危险，但他依然傲慢地拒绝了年轻会员寻求改革的呼声。班克斯的一个反对者把学会描述为一座"积势待发的火山"，而班克斯决定，要压制住这即将到来的喷发。[32] 班克斯通过这幅图，展示了自己作为戴维资助人的形象，象征性地宣称了自己对学会不同派别的绝对统治。

　　菲利普斯热切希望将这幅图画进行雕版印刷来销售，以此赚取钱财。班克斯给菲利普斯冗长的信件是外交辞令的杰作，充满了欺骗性的自我克制。显然，他对这个建议很满意，但他担心那些批评者会谴责自己的爱慕虚荣。因此，他先是谦逊地表示了反对："像我这样的人，没有获得过政治勋章，自然也不会拥有一群热心的朋党，不太可能会卖出昂贵的图画"，他优雅又令人难以信服地拒绝着。然而，在结尾段，他为此推荐了一名优秀的雕刻师，揭示出了他真正的兴趣。[33]

班克斯的朋友雷诺兹为肖像绘画这个行业赢得人们的尊敬，但很多艺术家看不起这门遍布全国的手艺。一位愤世嫉俗者这样讥讽肖像画：它是"帝国的一种特产。不管英国人移民到哪儿，不管他们在哪儿殖民，都会带着或者将永远带着陪审团审判、赛马和肖像画"。[34]这个帝国产品名单里，可能已经包含了班克斯。菲利普斯根据图8的场景所作的三幅肖像中，有两幅现存于澳大利亚，包括原图。它们在悉尼（Sydney）和堪培拉（Canberra）的大型图书馆里展览，面向公众开放。相反，依旧存放于英国的那幅，却被悬挂在了皇家学会一个委员会的会议室里，不对外开放。

尽管班克斯对大英帝国和科学如此重要，他在英国依旧毫无名气；而在澳大利亚，他却变成了民族英雄。与这种完全极端化的奉承相比，班克斯42年的学会主席生涯并未赢得英国认可。皇家学会热衷于表现进步，它通过使自己看起来更加民主，竭力修正着自己在19世纪的形象。当戴维和他的同事最终接管学会后，他们排斥班克斯这位对现代物理和数学一无所知的老式集权者，想让其重要性最小化。

　　既然国家遗产已经变得事关重大，英国人似乎越来越想从澳大利亚那边夺取班克斯的归属权。1986年，韦斯特绘制的班克斯肖像（图6）在神秘失踪120年后，突然又重新露面。在拍卖行，随着两位澳大利亚出价人的竞争，气氛紧张起来，他们使价格最终落在了惊人的1,815,000英镑。然而，大英国家肖像馆（Britain's National Portrait Gallery）阻止了出价者的成功购买，他们宣布，肖像不应该出口到国外，因为班克斯是英国人，并且正是班克斯"意识到了新大陆的潜在价值，开始推动移民和殖民概念"。这种帝国主义的论据被证明十分有效，政府增加了拨款来保证肖像存留在祖国。[35] 现在，这幅肖像图归班克斯家乡——林肯郡的一个小美术馆所有，它被如此珍视，而不能带至国外，要看到它，难度也翻倍了：它被托运到了英国一个偏远的地方，高挂在楼梯壁上，灯光极度昏暗。

# 第四章　航海探险与开发掠夺

探险要完成的是艰巨任务，其中的主要目标可能会失败，但作为扩大人类知识领域的方法，它却很少失败……"知识就是力量"。

——约翰·巴罗《每季评论》（*Quarterly Review*），1818 年

1996 年，堪培拉举办了名为"睿智国度"（The Clever Country）的艺术展览会，以纪念澳大利亚的科学先驱。虽然组织者想强调土著居民的原创性和澳大利亚对英国的独立性，但还是有好几幅图画颂扬了约瑟夫·班克斯，这位英国人曾在澳大利亚待了好几个星期来收集生物标本并带回国内，之后，他又把这个遥远的殖民地，变成了多余罪犯的一个流放地。

第一幅展品是一块很大的 18 世纪画布（图 9）。这幅图现在存放于澳大利亚国家图书馆（Australia's National Library），由一位英国艺术家创作而成，他尤其擅长绘制谈话场面。那些流行的团体肖像画，被设计来炫耀豪门富户的万贯家财和他们的行为举止，以及他们那些高谈阔论的朋友。

这里面的五位绅士，加上蜷缩在他们脚下的忠诚小狗，是在伦敦的画室中画出来的。在画中，他们假装在约克郡的海岸摆

图 9 "詹姆斯·库克,约瑟夫·班克斯,桑威奇伯爵和两位绅士",莫蒂默(John Mortimer)于 1777 年绘制(得到澳大利亚国家图书馆的使用许可)

出优雅的姿势，这里是班克斯的朋友菲普斯的乡下地产。

　　图像的中间站立着库克，他身穿海军制服，保持着贝尔维迪（Apollo Belvedere）①般传统绅士的姿势。库克身体转向衣着华丽的海军大臣桑威奇伯爵，摆着扔出帽子的姿势，是想暗示他已经跨越、或许是征服了那片海，可能很快出发，进行新的远航。班克斯坐在一块舒服的、椅子状的岩石上，穿着一件红、白、蓝搭配的惹人注目的套装，甚是炫耀，他与英国航海家一起构成了三角形，这些航海家在视觉上构成一个完整的情境。

　　这幅图画展示在"睿智国度"展览馆的显著位置，并被复制在了目录的首页。一些参观者一定错误地猜想，它展现的是澳大利亚：即使植物也没能提供多少线索，因为最早的艺术家让陌生的太平洋风景也英国化了。这幅图画可以让我们重新阐释帝国统治的故事，重新阐释澳大利亚转变为大英帝国之遥远的部分的故事。按照这种理解，库克用他的右手宣布了对太平洋的所有权，左手中的纸张要么是新的航海路线，要么是为大英帝国占领异域殖民地的命令。桑威奇伯爵若无其事地靠在一个古典

---

① 阿波罗·贝尔维迪是古典时期以来最著名的雕塑之一，大理石雕像现存于梵蒂冈的 Pio Clementino 博物馆中，它是罗马人制作的复制品，原件为希腊时期一尊铜像。——译注

半裸妇女雕像上，她可能象征着处女地，等待被征服。桑威奇实际上并没有随"奋进号"远航，但这次航行依赖于他的资助。班克斯抬头望着他，向他提交了一份手稿，或许是想强调，他的植物学研究可以对科学和海军探险做出重要贡献。

现代澳大利亚人想接管班克斯，使其成为"睿智国度"的第一位科学家，但事实上，班克斯协助英国接管了澳大利亚。库克热情欢呼，新科学工具的使用，让他们在太平洋上的测量工作更加精确了，但他首先效忠的是桑威奇和海军部，而不是皇家学会。命名即是宣布了占有，所以当沃利斯首次登陆塔希提岛时，称它为"国王乔治之岛"。植物湾（Botany Bay）介于索兰德角（Point Solander）和班克斯角（Cape Banks）之间，库克船上的这两位植物学家在该地收集到了大量未知植物，数量惊人。当班克斯按照林奈的方式给太平洋地区的植物命名时，他让这些植物成为了欧洲科学的一部分，同时削弱了它们的地方身份——按照林奈体系，一整个属的澳大利亚灌木丛和树木被叫作班克斯（佛塔树属，*Banksia*）①。

这是一次科学之旅呢，还是一次帝国探险呢？当然，答案是

①　山龙眼科该属有多种翻译，"拔克西木""班克木"等，译者认为不妥。根据中国自然标本馆（CFH）物种信息卡将其译为"佛塔树属"。——译注

两者都是。要把植物学、天文学发现和商业、殖民扩张完全分开是不可能的。班克斯是一位自筹资金的研究者，后来控制了日益扩张的大英帝国的发展。他被允许与库克一起远航，该航行表面上是为了天文学，但实际上是一次海军任务。就像许多研究项目，看上去是为了追求纯粹知识，但科学和政府不可避免地缠绕在一起。

★★★

1760年6月，皇家学会的会员很失望地得知，大英帝国的传统敌人法国，已经组织好了几个探险队，去记录翌年的金星凌日。会员们立刻给英国政府呈递了一封信，申请800英镑的资助；信中强调，国家荣誉危在旦夕。当然，这封信是这样论证的："如果英国疏漏，不能派遣观测员到达最适宜观察的位置，就可能会给外国人提供责备英国的恰当借口，因为这些地方在英国王室的统治之下。"[36] 所以，为了维护国家荣誉，有两个海外探险队获得了资助。当皇家学会的会员们得知，法国项目中的一位天文学家因为英国海军占领了他在印度的观测基地而受挫，他们很可能会幸灾乐祸。虽然有好几个国家都参与了该项目，但依然没能得出确定的结论，于是皇家学会决定，要好好筹备下一次的金星凌日观测工作，它预计会在 1769 年发生。

天文学家观测金星或者其他行星穿过太阳的现象，是为了确定地球与太阳之间的平均距离，这是计算宇宙大小的基本单位。只有比较了世界不同地区观测到的金星穿越太阳圆盘所经历的时间，才能得出精确结果。1769 年的金星凌日提供了国际合作的最佳机会，虽然这是一个不切实际的科学理想。这倒不是说要一起合作，做相同的实验，而是要各自的国家观测队归来后交换数据。为了不再出现 1761 年的尴尬，英国决定在这次活动中起表率作用。皇家学会向国王申请并得到了 4000 英镑以资助四个探险队，其中一个去往塔希提岛。

分给塔希提探险队的大部分资金都用在了设备上。库克的船上装备了先进的黄铜仪器，包括几台望远镜、一个气压计、三个钟表，有一些是专门为本次航行订制的。皇家学会的某位会员设计了一个便携式观测台，这样库克的船员就可以在塔希提岛上组装使用了。在 18 世纪，远距离航行是危险的，约翰逊风趣地说，在船上就像在监狱里，外加溺死的可能性。所以，"奋进号"不仅需要天文仪器来测量金星凌日，还需要航海工具，当船队穿越不熟悉的海域时，要绘制出航线，并为遥远的海岸线制作更为精准的地图。除此之外，库克还得进行科学实验，皇家学会交给他一些新发明去测试，如重新设计的罗盘，而海军部则要求他试验不同的饮食，来杜绝坏血病。

海军部和东印度公司很快认识到将塔希提探险和南太平洋勘察任务结合起来的好处。在很长一段时间里，世界地图都展示了一块"未知的南大陆"，经常有人把它想象成马可·波罗（Marco Polo）所描述的诱人的洛卡可（Locac）王国，那里有丰富的木材资源、黄金和大象。17世纪期间，荷兰探险者曾绘制了澳大利亚的部分海岸线，但法、英两国政府热切希望能开发这个依旧神秘的大陆上的资源。就这一次，英法在七年战争（the Seven Years' War）之后，官方达成和平协议，但双方都意识到控制太平洋地区对保护殖民地和贸易路线的关键性。

皇家海军参与了早期的筹划，并且正是皇家海军，而不是皇家学会，保证了库克被任命为船长——他是一位有经验的海军军官。在"奋进号"起航之前，库克接到了海军部的秘密指令，指令明确地表示，这是一次政府寻求新领地的探险。这些额外指令解释道，发现和探索"将会极大提升这个国家作为海上强国的荣誉，会极大提升大英王室的尊严，因此也会极大推进商业和航海"。

沃利斯在塔希提岛的时候曾看到过远处的一些山。这会是南大陆的一部分吗？库克完成金星凌日观测后，立刻就开始执行海军部信件上的任务。他正在完成"国王所需要的和所指向的……向南行进，去发现新大陆"。他们要求库克搜集情报，用英国国王的名义宣称占有陆地，将所有的航海日志密封，旅途结束后呈送海军部，这些必定都是保密的。

海军陆战队和大炮都入船后，库克在日记中记载道："一共94人，包括官员、航海绅士和他们的仆人，近18个月的食物，10个炮架、12个旋转轴，大量的弹药及其他东西。"[37]还有一些付费的乘客——班克斯和他的团队，包括索兰德和林奈的另一位门徒、两个黑人仆人、训练有素的画家帕金森（Sydney Parkinson），还有两只狗、一只著名的山羊（它曾随沃利斯环游世界）：雪崩后，两位黑人仆人在火地岛冻死了；一只狗在"奋进号"就要开始返程时抽搐而死；山羊存活了下来，脖子上还戴着一个银质项链，上面刻着约翰逊的拉丁语对句，它后来成为了格林尼治公园吸引游客的招牌。上船之前，班克斯所带的人可能都刚刚接受了严格的审查，因为之前法国探险队到达塔希提岛时，岛上居民（而不是法国人）发现，植物学家的助手是女扮男装。

这是一次大规模的海军活动："奋进号"起航时，装载了 7860 磅德式泡菜（用来进行坏血病实验），并且在马德拉（Madeira），又额外带上了 3000 加仑酒。船上满载着人员、仪器和食品供给，食物包括汤粉、胡萝卜酸果酱；甲板上圈养了活的猪、羊、鸡，需要时再宰杀。标准的吊床分配额是每个人 14 英寸，库克也不得不与班克斯、索兰德，以及他们正在绘制的标本共用他不大的私人舱室。

虽然班克斯加入"奋进号"的官方许可是在最后一刻才到达的，但他显然已经为旅行筹划好几个月了。除了 30 个大箱子，班克斯的储存设备还包括保存液体的桶和 200 多个瓶子，以及望远镜、显微镜和 20 多把枪、约 300 磅的火药。有一位植物学家给林奈写信，提到了班克斯的行李——传闻价值 1 万英镑左右。他惊叹道："之前出海探险的人中，从来没有哪位能为了博物学活动而比班克斯装备得更好。他们有一个很好的图书馆，还有各种各样用来捕捉和保存昆虫的设备；珊瑚礁垂钓用的各式织网、拖网、罗网和钩子；他们甚至有一个很奇特的望远镜装置，放进水中后你可以看到很深的底部。"在最后的总结部分，他虚情假意地感谢林奈："所有这些都应该归功于你和你的著作。"[38]

班克斯的收藏增长得很快，不久便占满了剩余的空间。博物学家们利用每一个机会撒网捕鱼，取回套在船的索具上的鸟和昆虫，上岸时采集动植物。该团队习惯了这样一种工作方式，整个航行过程都保持着：班克斯和索兰德检查新物种，帕金森或者其中一位助手作画，然后它的新名和细节就被添加到他们携带的林奈的教科书当中。班克斯带回了约 3000 种干燥的植物，近 1000 幅植物临摹，其中很多是在海上画的；被临摹的标本堆放在湿衣服下面来保持新鲜。库克钦佩班克斯的投入，但有些船员似乎就有些保留意见了：当他们出发去大堡礁（Great Barrier Reef）捕捉海龟时，某位海员参与了一项被班克斯称之为"不负责任的行为"——有效地阻止了船员们把又重又滑的海龟装入划艇。

自从 1768 年 8 月 25 日离开普利茅斯（Plymouth）后，班克斯在三年航行期间保持着每天书写日记的习惯。1000 多条日记记载了他在海洋上的缓慢行进，直到 1771 年 7 月 12 日"奋进号"抵达肯特（Kent）。相比记录他的内心经历，或者他与身边人的关系，班克斯更热心于关注外部世界。下面这则早期的日记给了我们很好的暗示，透露出他想要成为一名林奈式优秀植物学家的决心，同时也间接揭示了"奋进号"狭窄的环境里所产生的紧张情绪："大约中午时分，我们透过舱房的窗子看到，一条年轻鲨鱼正跟着船舶，它很快上钩了，并被捕到了船上；它最终被证明是林奈体系中的大白鲨（*Squalus carcharias*）①，它帮助我们澄清了一些混乱，这些混乱几乎是所有作者面对该物种时都会出现的；随它一起捕上船的还有四条短鲫，在林奈体系中被命名为*Echineis remora*②，它们被保存在了酒精中。尽管直到12点鲨鱼才被捕住，但我们还是设法取下一块，炖了做晚餐用，它的肉味道鲜美，至少在我和索兰德看来是这样，但有些海员不喜欢吃，或许是因为他们有偏见，认为这个物种有时候会吃人吧。"[39]

　　虽然班克斯对科学研究保持着相当天真的热情，但他不得不服从海军管制，也不得不认清政治现实。库克依照严格的时刻表来掌管船务，用航海哨来报时，船员带着食物钻上吊床去过夜。每天中午，海军官员测定太阳位置（用以确定纬度）时，都有一个特殊的仪式。按照习惯，数据是人人相传，最后传给船长，然后他正式宣布航海日的开始，这个时间与民用时间差了12小时，这也解释了班克斯与库克日志的不同。

---

① 林奈1758年出版的第10版《自然系统》中为大白鲨拟定了这一学名，现在大白鲨的学名为*Carcharodon carcharias*。——译注

② 林奈1758年出版的第10版《自然系统》中为短鲫拟名为*Echeneis remora*，原文有误。现在短鲫的学名为*Remora remora*。——译注

只有符合库克的时间表时，班克斯才能上岸，并且即使是这时候，他还要受制于国际关系。当他们到达马德拉时，英国领事允许他们在全岛活动并采集植物，但令班克斯反感的是，他们不得不浪费他们简短访问中的一整天时间来表示对总督的尊重。里约热内卢（Rio de Janeiro）的总督认为"英国国王不可能如此愚蠢，装备一艘航船仅仅是为了观测金星凌日"，并坚信，他们不是走私商就是间谍。葡萄牙侍卫紧盯着船只。虽然班克斯呈递了请求信，但那三个星期他还是被限制在了船上，就算是在清洗船舷把"奋进号"倾斜起来时也不能下船。班克斯抱怨说："你听过天上的坦塔罗斯（Tantalus）[①]；听过一个法国男人躺在两个赤裸的情妇之间，用麻布裹在一起，并用尽各种方法刺激欲望；但你绝没有听说过一个被如此招惹的可怜人，能比我还有耐性。忍受了那种情形，我已经气急败坏，开始诅咒他，说疯话了。"然而在夜间，班克斯偷偷顺着缆绳爬到下面的小船上，放纵自己进行了一些违禁的植物采摘活动。[40]

新年时，他们已经到达了南大西洋。班克斯裹着层层法兰绒衣服，开心地观察着从未碰到过的鸟儿和海洋生物。靠朗姆酒

---

① 坦塔罗斯，希腊神话中宙斯之子。他因宙斯溺爱而藐视众神，进而铸下大错，引得宙斯震怒而被打下冥界，被罚终日生活在饥渴和恐惧之中。——译注

和烤美洲鸵维持着生命，班克斯带领他的团队在火地岛（Tierra del Fuego）度过了一次灾难性的探险，那时他才刚刚从一次极度寒冷的暴风雪中存活了下来。让库克吃惊的是，当天晚些时候，班克斯和索兰德又返回去，收集到更多的贝壳和植物，这时他们不得不继续向前航行了。在"奋进号"和塔希提岛之间，还有4000多海里未经勘测的水域。对天文学的资助承担了这段旅程的花费，而不是植物学，因此，库克打算提前几周到达，这样他就可以为6月3日的凌日现象准备好天文台了。

在班克斯看来，塔希提岛属于英国。他这样记载着船队的到达："今天清晨，我们停泊在了乔治三世岛屿的皇家港湾。"[41] 之前，外国船只也在这里出现过，塔希提人有经验，知道来这里的欧洲人都装备了枪械，并不在乎杀人。因此，塔希提人格外小心谨慎，派出装满食物的小船，库克和先头部队一登陆，就劝说他们参加了一个缔造和平的仪式。这种外交式的欢迎使得"奋进号"上的旅行者相信，他们进入了一个和平、祥和的社会。

暴力冲突主要源自英国一方。班克斯一枪射杀了3只鸭子，以此表明枪支的威力，不出几天，船员就杀死了一个岛民，因为他拿走了一个哨兵的滑膛枪。库克尽力控制他的海员，但他们待在岛上的 3 个月里，经常发生冲突。当船上的屠夫夺走一柄石斧，并用镰刀威胁主人时，库克鞭笞了他。班克斯比较了英国人的纪律和塔希提人的多愁善感："他们静静地站在那里，看着屠夫赤身裸体被绑在索具上，第一鞭刚打完，他们的眼泪就流出来了，乞求终止惩罚，船长没有答应。"[42]

尽管岛民公开展示了友好态度，但为了英国人的安全，库克还是要求对他们进行封锁保护。塔希提人报名登记去砍伐和运输木材以帮助英国人建立一个军事防线，而这明摆是要将岛民隔离开。飞虫的侵扰和风沙的吹打让帕金森暂时放弃了植物画的制作，转而开始描绘"金星堡垒"（Venus Fort，图 10）素描图。这是欧洲人在太平洋上的第一块殖民地，有哨兵巡逻，还有防御墙上士兵的几杆大枪保护着。然而，帕金森描绘了一幅安静祥和的场面。英国国旗在微风中飘扬，浓烟从炉子里冒出来，在护城河和尖栅栏之上游荡，土著人正在他们的小船里垂钓，来供养他们的不速之客。

塔希提人对他们看到的一些奇怪行为感到惊讶：（英国船员）向飘荡在高杆顶端的一块布料行礼，随着鼓手上上下下列队行进，穿着厚重、完全与天气不搭的衣服，透过铜管看星

Venus Fort, Erected by the Endeavour's People to secure themselves during the Observation of the Transit of Venus, at Otaheite.

图 10　"金星堡垒"，悉尼·帕金森于 1769 年绘制（得到剑桥大学图书馆管理员使用许可）

星……通过供应食物，他们有策略地安抚着这些危险的客人，但客人却很少回敬给他们东西。意识到整个小岛都被这些不速之客接管了，岛民们就偷偷拿走一些鼻烟壶、钉子和放大镜。欧洲人意识不到，自己的粗鲁行为已经破坏了当地的礼节，反而还不断指责塔希提人偷窃。

对岛民来说，从欧洲人那里攫取这些奇异物品是有风险的，因为欧洲人有枪；但他们的确因此获得了非常好的讨价还价机会。离金星凌日只有几周时，一件珍贵物品不见了———部特制的象限仪，可以以前所未有的精度测定天文角度。没有它，整个探险就毫无意义了。一位当地告密者抓住机会获得了奖赏，在热得令人窒息的天气里，他带领着班克斯去追查那件遗失的仪器。虽然班克斯最终找回了象限仪，但当塔希提人看到班克斯因想到"要到距离堡垒至少 7 英里的地方去，那里的印第安人（Indian，指塔希提岛上的居民）似乎不会像在家中一样温顺"时所露出的惊恐状，他们或许很享受。[43]

库克为金星凌日做准备时，班克斯把时间都用在了采集植物上，并与塔希提人打成一片。与记录他的科学标本一样，班克斯倾注了同样的注意力一丝不苟地记录着塔希提人的服饰和风俗。虽然班克斯当时没有意识到，但他与当地人的交往尤为紧密。岛民害怕欧洲人的枪械，只习惯与其他波利尼西亚人（Polynesian）做交易，却允许班克斯加入他们的舞蹈和庆祝仪式，并就作物如何培植、本土植物如何加工为食物和药物交换了意见。好奇是相互的，他们甚至尝试过对方剃胡须的方法。

因为担心云层会在关键时刻遮挡太阳，库克派遣班克斯和几位天文学家去附近岛屿观测金星凌日。最终证明，这次短途航行对所有人来说都是一个巨大的成功。天气很完美，所以天文学家们很高兴，而班克斯发现了一些新植物和"3个漂亮女孩"。女孩们或许猜测这次冒险将会有利可图，因为"她们轻易就答应送走她们的旅行车，然后留在帐篷里睡觉，这种信任我之前从未遇到过，何况认识时间那么短"。[44]

3个月过后，到离开塔希提岛的时间了：天文测量的任务已经完成，欧洲人差不多耗尽了当地的食物供应，岛民也对客人所给予的报复性惩罚越发感到愤恨，一些水手正在筹划叛变并想留下来。库克执行了海军部的秘密指令，向南进发去寻找澳大利亚。对"奋进号"来说幸运的是，班克斯为他的朋友图帕伊（Tupaia）支付费用，图帕伊是一位高等级的祭司，与他年轻的儿子泰伊图（Tayeto）一起随他们远航。班克斯想，自己有足够的钱"来将他作为一个稀有之物留在身边，就像我的某些邻居对待狮子和老虎那样"，班克斯兴奋地料想着将来与他谈话时可能产生的乐趣。[45] 没有这个雇来的"稀罕物"，库克和班克斯或许不会存活下来。图帕伊具有关于洋流、岛屿和方言的专业知识，多次将他们从困境中解救出来，还教他们如何寻找并烹制食物。

几周后，依旧没有发现澳大利亚存在的迹象，库克朝着具有确定性的新西兰（New Zealand）开进，荷兰探险者在100多年前就绘制了它的地图。当他们最终靠近时，拥挤的船只上群情激动。班克斯沉思道，要是我们的英国朋友现在能看见我们该有多好啊，"索兰德博士坐在船舱的桌子旁描述着，我在自己的写字台上记日记，我们之间挂着一大束海草，桌子上放着木块和藤壶；他们将会看到，尽管我们工作不同，我们的嘴唇都时常在动，如果不是魔术师，你可能会猜，上岸之后我们会看到什么，毫无疑问我们很快将会看到了"。46

1769年10月，离开塔希提岛差不多3个月了，"奋进号"抵达新西兰，并最终成功地按8字形绕两岛一周（于是，两岛之间的海峡就被命名为库克海峡）。虽然他们登陆了好几次，但与在塔希提岛相比，这些停靠充满了兴趣点的取舍。其中一个难题是接下来去哪里：库克正尝试着寻找一个合适的地方来观察水星凌日（transit of Mercury），而班克斯更关心采集植物。除此之外，毛利人（Maoris）想获得关于这些外来人的更多信息。他们聚集在一起，礼貌地举起一根长矛，唱着歌，让他们的客人说明自己的来意。欧洲人误解了这种款待方式，认为是一种敌对情形，就用枪还击了。班克斯将其视为食人部落，对他来说，只有一种方式来处理与这个种族的关系："他们总是不遗余力地反对我们，以至于我们有时虽不情愿却又不得不武力登陆。然而，当他们被征服之后，将是我们坚定的朋友。"[47]

为了补足他们日益减少的食物供应，班克斯开始探寻可食用的植物。他意识到秋天有大量的植物可食，这对未来的探险者是个好消息。在他们所发现的400个植物物种里，班克斯对新西兰麻印象最深，当地人用它来做衣服或织渔网。毛利人将这种植物称作哈拉可可（Harakeke），但班克斯给了它一个林奈式名字：*Phormium tenax*（他甚至将一个种用库克的名字命名为 *Phormium cookii*），他得意洋洋地盯着"这种如此有用，对英国来说必定获益匪浅的植物"，为了返航后要一起出版的著作，帕金森认真地绘制着新西兰麻（见图6）。[48]

在海上待了一年多之后，库克开始担心"奋进号"的状况，但依旧希望能发现新大陆。离开费尔韦尔角（Cape Farewell，在欧洲地图上，它开始变得有名气了）之后的几个星期，他们偶然发现了海岸线，于是顺着它继续北上，试图登陆。起初，班克斯并没有在意："这个国家……在我的想象之中，类似于瘦牛背，这头牛全身覆盖着长长的毛发，但它瘦瘦的臀骨异常突出，不规则的凸起和凹陷使得应有的毛发覆盖都不见了。"[49]最终，他们从植物湾成功登陆了：他们无意中跌跌撞撞地进入了澳大利亚。

在得知枪械的威力后，土著人明智地放下了他们的武器。有手枪的保护，班克斯吹嘘道："我感觉不到丝毫的恐惧，因为我们的邻居被证明都是些胆小鬼。"欧洲人攻击了当地居民，抢走感兴趣的东西，吃了他们正在火上烹调的食物。他们留下了一些小饰品作为礼物，但土著人并不总是珍惜这些来自英国文明社会的便宜货。在发起突袭以获取植物时，班克斯发现他们将礼物堆起，又扔掉了。

班克斯沉浸在大量新发现中，在海上航行期间，他花费了好多天在阳光下晒制植物。吃完了巨大的魟鱼和澳洲鸨①，班克斯、索兰德和帕金森拼命地为标本分类和绘图，库克则认真地画着海岸线，给凸出的地方一个英国名字，如桑威奇角（这是以资助船队的海军部首领名字命名的）。[50]

随着继续向北航行，他们遇到了大堡礁，这是他们撞到水下岩石后的另一个偶然发现。他们花费了好几周时间来修理"奋进号"的大洞。班克斯失望了："自从船只被拉到岸边，进入船

---

① 澳洲鸨，鸨科，是一种体大善跑的陆地鸟。——译注

内的所有海水就理所当然地流了回去，但今天，我发现面包室里我精心包装以求安全的植物却浸到了水里。没有人提醒过我会有这种危险，我也从来没有想到过。然而，令人痛苦的事已经发生了，所以我开始工作，尽我所能修复它们。那天的时间太短，完全不足以把它们全部转移，挽救了许多，但也有一些完全丢失和损坏了。"[51]

两百多年后，我们知道，这是一个有着圆满结局的故事，但旅行者自己却没有这样的安全感。欧洲人悠闲地修理着船只，他们待得太久而不再受欢迎了。土著人对客人的行为感到惊讶：他们拒绝分享自己捕到的海龟来做晚餐，并到最近的村庄狩猎，以图"有机会看到他们的妇女"。土著人大怒了，他们放火烧草，打断了班克斯的一次植物收集之旅，并成功赶走了留在那里的入侵者。但欧洲人首先必须越过那些危险又未经勘测的暗礁。当大浪击打着易碎的船只时，班克斯忘记担心自己珍贵的收藏了，"死亡的威胁是很痛苦的，"他在日记上写道，"我们现在生存的希望是以失去所有东西为代价的，但我仍然对此感到宽慰。"[52]

几周后，他们穿过了澳大利亚最北部。一个小队乘着划艇上了岸，升起了英国国旗，面对着空阔的风景地，库克宣布，国王乔治三世拥有了这块土地，从北到南——于是，作为英国属地，新南威尔士就在地图上被标注了出来。在巴布亚岛（Papua）[①]，枪支再一次派上了用场，短暂停留后，他们驶向英国，时不时停下来补充供给。

任务完成了，但他们还有一年才能回到英国。此时，"奋进号"已经破烂不堪了，除班克斯和索兰德外，其他人都患上了思乡病；热病使船员大批死去：图帕伊、泰伊图、帕金森、天文学家、厨师、医生，还有其他一些人都在旅途中死去了。班克斯病了好几个星期，但最终安全到达了伦敦，在那里，他很快得到了王室的召唤，因为国王想听他的探险故事。

国王并不是一位懂得航海的人：曾有一次，他视察一艘军舰，竟不确定下梯子时身体朝前还是朝后。然而，他着迷于农业改革，相比与库克聊天，他对班克斯的植物学新发现包含的潜在价值更感兴趣。归来之后，班克斯成为了英雄，库克则没有；疾风骤雨般的漫画和讽刺诗篇暗示出班克斯是多么迅速地成为了伦敦市民谈论的社会精英中的杰出一员。

---

① 即新几内亚岛。——译注

　　回到自己家后，班克斯立刻开始拆除包装，取出自己收集的物品。一位肃然起敬的客人惊呼道："他的房子是一个完美的博物馆。"客人徜徉在装满武器、衣服、装饰品的房间里，惊讶地看着保存在酒精里的系列动物，赞美着"这些最优选的博物学图画集，它们或许永远地丰富了储藏柜，不管是公家的，还是私人的：帕金森绘制并上色的植物图谱共有 97 幅，还有 1300 或 1400 幅图画……并且更令人惊讶的是，在如此多的收藏物中，所有的新属和新种都得到了精确描述，这些描述被认真誊写，以适合印刷"。[53]

　　这是一个乐观的评价。12 年后，班克斯自信地宣布，仅剩下几个月的工作量了，但他从未完成那个雄心勃勃的出版计划：一本由 743 幅插图组成的巨型植物图谱，展示他所发现的所有新植物。尽管有索兰德和其他助手，以及妹妹莎拉（她细心地清理了文字中的语法错误）的帮助，班克斯从没有抽出时间来出版他的日志。他为什么总是推迟此事呢？人们提出了好几种解释：索兰德的逝世，与帕金森亲属的争吵，对自己写作能力的不安，私生子的出生，不能与库克一起远航所造成的自尊心受伤……或许，仅仅是因为他沉浸在了其他计划中，于是把事情撇开了（多数人都熟知那个"明日复明日"综合征）。

1885 年的《国家传记大辞典》（*Dictionary of National Biography*）嘲笑班克斯"著作相对并不重要"。这是正确的，他最重要的出版物，是一些关于羊毛和玉米枯萎病的专门性小册子。如果他的出版记录中能包括植物图谱，班克斯的学术声誉必将更高。但著作并不一定是衡量科学成就的最好方式。作为皇家学会主席，班克斯有着巨大的影响力，他发起的一些变革产生了久远的效果。

首先，班克斯使林奈植物学成了英国科学的核心。在生命快要终结的时候，他有正当理由这样吹嘘："自从我启动这项研究，植物学取得了多大的进步啊，今天给学生提供的便利有多大啊，这些都是最近才有的！"[54] 更重要的是，通过表明异域植物的价值，班克斯强化了商业探险、帝国探险和科学探险的联系。他进一步资助了海外研究，海军部也开始定期地邀请博物学家加入他们的探险队。这就是为什么查尔斯·达尔文要与"贝格尔号"（HMS Beagle）一起出航的原因，去观察动植物，这对他以自然选择为基础的进化论至关重要。在半个世纪里，班克斯都致力于让科学为国家服务，并让国家资助科学。

# 第五章　异域风俗与情色之事

我常常怀疑这样一种看法，它认为黑种人和通常其他所有类型的人种（有4或5个不同类型的人种），在本性上都是劣于白人的。世界上从来没有任何一个民族像白人一样达到如此高度的文明；也没有任何单独的个体，能像白人一样在行动或思想方面如此卓越……但是，最粗鲁野蛮的白种人，如古代的日耳曼人和今天的鞑靼人，在勇猛善战、政府组织和其他一些特殊方面，依旧有着杰出的地方。如果自然起初没有在各个人种之间造成差别的话，在许多国家的世世代代里，这种一致而持久的差别便不可能出现。

——大卫·休谟"论民族特性"，1754 年对班克斯的朋友鲍斯威尔和约翰逊来说，去赫布里底群岛（Hebrides）①旅行就像是出国旅行。鲍斯威尔被一群不会说英语的人包围着，他蹲伏在草座上，盯着眼前这些异域景象。"就像是与一个印第安部落待在一起一样，"他对约翰逊说，"有些人的容貌与美洲野蛮人一样黑，一样粗鲁。有位妇女长得清秀可人，就像萨福（Sappho）②一样。"⁵⁵犹如林奈在拉普兰，班克斯在塔希提岛，鲍斯威尔似乎在两方面之间无法取舍：既要强调自己作为目击者的勇气，又要用人类学的客观方法记载主人的行为。

作为英国绅士，鲍斯威尔、约翰逊和班克斯相信，他们要优于所见到的外国人。这种自信主要有两个来源：《圣经》和亚里

---

① 英国苏格兰西部，被小明奇海峡分为内赫布里底群岛和外赫布里底群岛。——译注

② 公元前6世纪前后的希腊女诗人，她的大部分诗反映爱和情感。——译注

士多德。通过阅读《创世记》，基督徒相信，上帝是单独创造人类的，给予他们特权和责任来掌管天地，并用天地来为人类造福。亚里士多德设想，自然界是按照存在之巨链来安排秩序的，从最底端的岩石和最低级的微生物开始，经过植物、鱼和（其他）动物，逐渐上升至人类。当然，白种欧洲人正好在这个阶梯的顶端。

进入 18 世纪，一些博物学家依旧认为，这个链条没有改变，所以今天这个世界中的生物与上帝创造之初完全一样。但是，当探险者从美洲带回新的物种后，再用梯子等级间的微小变化，将每一种生物都挤进那个单一直线中就变得日益艰难了。随之产生了各种各样的问题。猫应当比狗的等级高吗？爬行动物应当处于哪个等级，在鱼的上面还是下面？鲸呢？让岩石挨着腐殖质土壤和地衣真的说得通吗？自然哲学家开始拙劣地修补这个链条，他们认为分支系统更像是树的样子而不是梯子，并且提出，地球上的生物或许是经过一段时间发展而成。

当欧洲人来到大洋的另一端时，碰到的社会群体与他们自己的完全不同。这是分类学的另一个困境。这些种族按等级应该排在欧洲人之后，来作为持续链条的一部分吗，还是所有种族被分为各自不同的群类？两种解决方案都有问题。人类的特殊之处就在于有灵魂，但动物有没有灵魂呢？别的种族能不能通过让自己接触欧洲文明，来攀升自己在阶梯中的等级呢？欧洲妇女和亚洲男人谁的等级更高呢？裸体的原始野蛮人（这是他们使用的词汇，而不是我的）与聪慧的猿类如何划分呢？如此等等。

18世纪期间，自然哲学家采取了三种主要方法来解释人类之间的差异。前两种通常被称作气候论（climatic theory）和生存论（subsistence theory），强调的是人类的生活方式。第三种是分类学方法，由林奈首先提出，通过人的长相和行为来分类。

利用气候进行解释是最早使用的方法。自希波克拉底时代起，学者就将种族之间的不同归因于环境条件。例如，他们解释说，是太阳将非洲人晒黑了，并让他们昏昏欲睡。总之，非洲人几乎没有工作的激情，因为持续的日晒让土地变得如此肥沃。启蒙运动时期的自然哲学家发现，这样的气候解释很吸引人，因为它符合《圣经》的创世思想。经过多次失败之后，各种不同版本的气候论都一致认为，起初只有一种人，后来他们分散到了世界的不同地方，然后让自己适应了当地的环境。

最具影响力的气候论鼓吹者是布丰伯爵①，18世纪中期，他

① 布丰（Georges Louis Leclere de Buffon，1707年~1788年），法国著名博物学家，启蒙思想家。1730年入选法国科学院，曾担任皇家植物园园长。历时50年写成鸿篇巨制《博物学》，并提出进化思想。——译注

出版了一部非常成功的多卷本博物学研究著作。这部著作首次出现在法国，很快被译成了英语，并享誉欧洲。虽然布丰是林奈批评者阵营中的重要成员，但两位博物学家在各自擅长的领域，确实有着共同的信念。布丰坚定地把人从动物中区分出来，并把他们分为两个主要的类别，这两种典型类别被布丰称为"我们伟大的文明种族"和"美洲渺小的野蛮民族"。按布丰的解释，北极气候破坏了萨米人的性格和身体，"妇女像男人一样丑陋，并且事实上他们如此之像，简直难以区分……他们比野蛮人还要粗犷，没有勇气、自尊和谦逊；这种令人绝望的民族，仅拥有让人鄙视的习俗"。[56]

相比之下，英国哲学家洛克（John Locke）曾提出过一个四阶段生存理论，这一理论在苏格兰尤为重要。生存理论的四个阶段是逐级上升的模式，依赖于人类发现食物和占有土地的方法。起初，人类像肉食动物一样猎食其他动物，但随着人类变得更加文明，他们便穿越其他三个阶段逐级向上发展。首先是牧人饲养动物，接着是农民建立起永久性的农业定居方式，最后，就像在西欧一样，商业组织出现了。按照这个方案，处于早期阶段的社会只要继续努力，就可以提升或培育到欧洲标准，这对自由主义教育家和基督教传教士来说是一个诱人计划。另外，生存论暗示了，进步对全人类来说都是可能的。有宗教信仰的化学家普利斯特列（Joseph Priestley）解释说："是对于自然规律更加深入的认识，而不是其他什么，使得欧洲人具有了超越霍屯督人[①]的优势……只要科学进步，就像它实际的发展那样，那么几个世纪之后的人类，就会理所当然地优于我们……就像我们现在比霍屯督人优秀一样。"[57]

18 世纪的作家确实使用了"种族"（race）这个词汇，但与我们今天使用该词时的意思不同。现代种族观念源于林奈，他引进了种族分类法。林奈给出了亚里士多德线性链条的改进版本，他画出了一个二维地图。首先，他把宇宙分为三界（kingdom）——矿物、植物和动物，然后又把每一个界进一步细分为纲、目等。这种革新虽然充满了争议，但确有很大优势。例如，猫科与犬科谁在上谁在下就变得无关紧要了，因为页面上它们的位置，并不暗示它们在一个连续不断等级结构中的位置。

布丰和其他一些博物学家，特别憎恨林奈体系中的人种分类

---

① 该人种分布于西南非洲。他们原名为 Khoikhoi，1652 年被欧洲殖民者发现，命名为 Hottentot，牛津字典对该词的解释为"冒犯性的，攻击性的"。——译注

方法。首先，他们指责林奈被先验判断蒙蔽了，而没有将思想建立于观察之上。《圣经》对这位路德宗牧师来说特别重要。就像伊甸园有四条河、四个大陆一样，林奈相信，也一定有四个人种。这也与亚里士多德的观点相一致。亚里士多德认为，宇宙是由四元素——土、气、火、水构成的，并且人类健康是由四种体液决定的。毫不奇怪，林奈将欧洲白人（*Europaeus albus*）放在了人种的顶端，他们心灵手巧，自信乐观。另外三种分别是无忧无虑的美洲印第安红种人（red Indian）、忧郁的亚洲黄种人（yellow Asian）和慵懒的非洲黑种人（black African）。

　　虽然林奈已经将欧洲人放在了创造物的顶端，但让其对手恐惧的是，他将所有人与类人生物（Anthropomorpha），如猿（图11），放在了同一个目中。林奈通过强调身体的相似性，来证明自己的观点，他将人类变成了猿的近亲。"没人有权生我的气，"他愤愤地写道，"作为博物学家，我遵守了科学原则，到现在为止，我还没有发现任何能将人与猿区分开来的特性。"[58]他的四个人种是对智人（*Homo sapiens*）的细分，但林奈拒绝将他们放在各自分离的类别中。相反地，他暗示还存在其他类型的智人。虽然他的思想总是随时间发生着变化，但是图11中右边的两种生物——萨梯（Satyr）和俾格米人（Pygmee）都

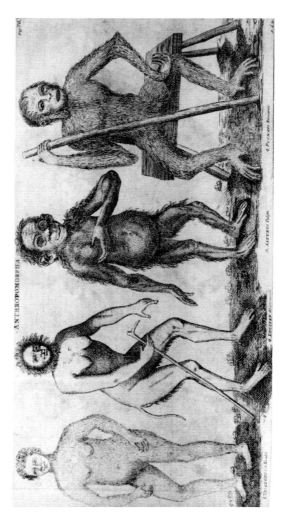

图 11 "类人生物"，来自卡尔·林奈 1764 年著作 *Amoenitates Academicae* 中的 Anthropomorpha（得到剑桥大学图书馆管理员的使用许可）

是猿，行为举止像人一样，而左边两位都是人类中的妇女，划归为智人行列。

那位毛发更长者——路西法（Lucifer），代表着有尾智人（*Homo caudatus*）；而另外一个则是穴居智人（*Homo troglodyte*），住在洞穴里或者夜间行动。

林奈自己从未见过穴居智人，他从一个更加古老的猩猩（orang-utan）① 图片中找到了其形象。然而，他很谨慎地省去了霍屯督人突起（Hottentot apron）——这是被拉长的性器官的一个不起眼标志，欧洲探险者曾在霍屯督妇女身上见到过——虽然在文中他也做了描述。与其他博物学家一样，林奈宣称，由于她们与动物相近，所有非洲妇女都有突起性器官。探险者着迷于发现并测量这些突起物，讨论它们是自然的存在，还是为了适应霍屯督的流行观念而被人为拉长了。一位法国探险者谦逊地（令人难以置信）解释道，他曾很不愿意地让那位害羞的霍屯督被研究者脱去衣物，但为了科学事业，他还是坚持对此做了深入考察。

当自然哲学家争论人与动物的区别时，他们常常强调语言。

---

① Orang-utan是指产于加里曼丹岛和苏门答腊的猩猩属（*Pongo*）动物，又称红猩猩。——译注

一位法国红衣主教为了证明自己的观点，将一只猩猩关在动物园里。"说话，我将给你洗礼"，但即使这样，理论证明依旧不足以解决这个难题。[59] 确凿的界限似乎不存在：鹦鹉经过训练可以说话，而旅行者带回的当地谣传说，猿也可以说话。尽管遭到布丰的鄙视，林奈依旧坚持认为，穴居智人是通过喉间发出嘶嘶之音来交流的，这种语言即使是欧洲人也难以习得。

　　还有另外一个问题——野孩，即那些之前发现的，曾与动物生活在一起并像动物的男孩和女孩。这些孩子成为稀奇之物，成为令人着迷的源泉，吸引了全欧洲的专家来观察，研究者经常就他们是人还是动物，做出自己的判断。经常有人报道说，野孩基本不说话，靠四肢着地运动，吃生食，并有异于常人的嗅觉，还有传闻说，其中一个野孩像幼熊一样开始了生活。尤其是在法国，这些野孩变成了活体实验项目的被试，用来确定人兽之间的界限应划定在何处。林奈将他们归为另一个人种——费鲁斯智人（*Homo ferus*）或野人，并将其宽泛地描述为"四脚，不能说话，多毛"，当获得新的孩子时，这个人种又被细分，以符合个体特征。[60]

　　作为一名忠爱《圣经》的牧师，林奈并不相信进化。按照他的想法，类人生物并没有灭绝，而是在世界上遥远的地方兴旺繁衍着。布丰讽刺说，林奈已经被旅行者关于猩猩的故事或白化非洲人（albino African）的故事误导了，但林奈坚信它们的真实性。虽然林奈会真诚地相信穴居智人这件事似乎有些非比寻常，但旅行者确实经常对远远瞥见的奇怪动物做歪曲性描述。有些关于异域类人生物的谣言存在了好几个世纪，比如美人鱼，或者葡萄牙海军首先报道的巴塔哥尼亚（Patagonia，位于阿根廷南部）巨人。

　　林奈把巴塔哥尼亚巨人归入了怪物人（*Homo monstrosus*）之中（高山矮人也属怪物人）。班克斯的"奋进号"航行结束的前一年，英国探险者在皇家学会宣读了对它们的描述，他们坚持认为，曾经亲眼见到过这些怪物般的南美人。一位航海者游记的扉页看起来更适合讽刺小说《格利佛游记》（*Gulliver's Travels*）：它展现的是一位水手，怯生生地将饼干送给一位比自己高一倍的妇女，她穿着毛皮衣服，抱着一个巨大的婴儿。这些巨人是真的吗？航海者发誓"那里没有低于 8 英尺的男人，大部分都远远高于这个数字"，讽刺家有机会对之提出批评了。我们应该为英国占领这个非凡的国度，其中一位宣称，巨大的树木可以造出绝妙船只，他们的金子和钻石一定珍贵得令人难以置信，他们的妇女"一定能改良我们的品种——所有优秀的爱国者都主张，几百年来，我们的人种一直在变小"。[61]

博物学家的观点是有分歧的，但像布丰和林奈，他们持有这种主张是为了支持自己的欧洲研究。坐于扶手椅上的分类学家，依靠班克斯和其他探险者来获得精确的一手描述，既包括奇异动植物，也包括他们海外探险时所遇到的种族。虽然"奋进号"经过巴塔哥尼亚的大陆时没有上岸，但库克确实让班克斯花了几天时间，来探索南美顶端的火地岛。班克斯热衷于发挥他的作用，来调解有关巨人的争议，他谨慎地记载着，当地居民"略带红色，与锈铁和油的混合物颜色非常相近，男人魁梧高大但十分笨拙，他们的高度几乎都有从5英尺8英寸到5英尺10英寸，十分接近，几乎所有人都差不多高大，妇女则小得多，几乎很少能超过5英尺"。[62]

但即使是很明显的精确观察，也不足以平息争论，他（指班克斯）真的说服这些人依树而立，以至于能够像测量成长的小孩那样，在树上标记他们的高度吗？一个明显的反驳声称，这个反面证据没必要否证先前探险家的主张。既然班克斯只看见了50个人，那么很容易辩解说，巨人生活在其他地方，或者已经躲起来，不愿碰到这些带着枪又爱打听事的入侵者。从孩提时代，英国人就坚信，欧洲是一个独特的、文明作为常态的地方，他们不愿放弃自己的信念，即认为偏远地方居住着古怪的民众，而且南半球的自然规律不同于北半球。

　　班克斯在整个"奋进号"航行期间的成果，以及回到英国后所做的工作，都为打破这些偏见贡献颇多。虽然探险者带回了成千上万的异域标本，但他们发现，找不到林奈所说的穴居智人或者多毛巨人。另外，既然澳大利亚已经被发现了，林奈坚持的四大陆体系就不再说得通了。在反对林奈关于人类的四重分类法问题上，班克斯的观察被证明是关键的。通过班克斯带回的人类头骨，巩固了新生的人类学，博物学家不再需要离开他们的欧洲实验室，就能够研究遥远地方的居民。通过谨慎地记录他访问过的社会群体，班克斯和他的同事提供了令人信服的证据，来证明整个世界的人类是相似的。林奈的命名"智人"被保留了下来，但它却成为这个目中所包含的唯一一个物种，换句话说，人类把自己放在了一个特殊的类群之中。

　　库克接受了海军部的秘密指令，只要有可能，他就应该建立殖民地。皇家学会也为库克、班克斯和索兰德提供了指导方针，教给他们如何处理土著人占领的土地。这个建议变得可以容忍了，它指出土著人也是人，即使与英国绅士不处在相同的等级上。旅行者被告知，"未经他们主动同意，欧洲国家无权占领他们国家的任何一个部分，或者定居于他们中间"。然而，接下来是一些有用的建议，教给他们如何获得这种"主动同意"。虽然不建议杀人，但可以用其他方式"来使土著相信欧洲人更加优越，包括用子弹打穿小房子，给他们镜子，用哑剧表演饥寒交迫以使那些即使是最愚蠢的人……也能立刻明白"。[63]

班克斯开始记录他遇到过的种族的长相和行为，对细节谨慎关注的态度跟他记录植物时一样。多数时候，班克斯在评价当地人的长相时，或许认为自己带着一种科学式的客观，但很多时候这更像是一种侮辱性的屈尊俯就。在写到塔希提人时，他说："（塔希提）男人俊俏，女人漂亮，唯一不好的特征就是他们的鼻子，普遍都很平，但为了平衡这个特征，他们的牙齿都毫无例外地完美，又齐又白，尤其是女人的眼睛，充满了感情和欲望。"[64]

在其他地方，班克斯通过提前告知他们的道德判断应该是什么，来刺激读者的胃口："我一定要提及另外一种消遣活动，虽然我承认，即使土著人已经向我诉说过多次，我仍然几乎不敢碰及它，因为它建立在一个如此邪恶、不近人情且反对人类本性第一原则的风俗之上……我几乎不会相信它，更不必说，期望他人相信了。"在做了这番诱人的引言后，他揭示说："岛上一多半更优秀的居民，就像弥尔顿所写的节日欢庆之神一样，决意享受自由性爱……同居时间很少会超过一或两天。"虽然几行之后，班克斯承认，他自己并未见到过任何一个这样的私密聚会，在其中，"他们有足够的自由来实现自己的欲望"，但是英国人乐于相信他对自由性爱、淫秽舞蹈和频繁流产的描述。[65]

与林奈一样，班克斯不假思索地将所有东西分类。对英国人来说，滥交暗示着被放在存在之链的更低端。班克斯不仅把岛民放在了欧洲人之下，还以性活动为基础，建立起了塔希提人的内部等级："就像我之前所说，男人相当高大，我测量的其中一位是6英尺3.5英寸，优秀一些的妇女一般与欧洲人差不多高大，但是差一些的女人一般都很小，有些非常矮小的或许要归咎于她们早期的偷情活动，与那些优秀的人相比，她们更易于迷恋偷情。"[66]

太平洋上的岛民们当然没有意识到，他们被默认为在本性上就劣于欧洲人。偶然相遇时，双方都会惊讶。林奈曾主张，他描述的穴居智人靠发出嘶嘶声来交流，但对新西兰岛上的居民来说，库克的"语言也是嘶嘶的声音，并且他说的字词至少我们也不懂"。从他们的观点看，具有特别白的皮肤和蓝色眼睛的游客行为非常奇怪。首先，他们向后划船，就像他们头部的后方长了眼睛似的——难道他们是某种超自然存在物吗？一旦上了陆地，这些奇怪的抵达者就攀登峭壁来采草，持续挖掘海滩以寻找石头。一些毛利人也收集石块和植物，尝试帮助这些植物学研究和地理学研究，但毛利人茫然地意识到，"他们喜欢一些石块，就将它们装进袋子里，其余的就扔掉"。[67]

毛利人也意识到自身的巨大优势：英国旅行者需要食物。

图 12　"约瑟夫·班克斯与毛利人的易货贸易"，佚名水彩画，1769 年绘于新西兰（大英图书馆许可使用）

图 12 是"奋进号"在新西兰期间画家所完成的水彩画，展现的是班克斯与当地商人以货易货，当地商人看起来一点也不胆怯，这与英国的描述完全不同。在这幅对称的图像中，两人以相同的姿势站立，穿着各自国家的衣服，就连毛利人额前向上梳的发束，也与班克斯海军帽下精心编织的假发对应起来。绘画描述的正是两人平等交换的那一刻，新西兰岛民正将一只红色的鳌虾交给班克斯，而班克斯则回报以一块来自塔希提岛的白色树皮布。比起"奋进号"上所带的英国礼物，这种布更紧俏，即使这布的价格会在第一天过后暴跌。这位未知的画家，描绘了两种文化里的外交大使遭遇的情形，每个人都在与陌生的国外人进行着交易。

这幅图直到 20 世纪晚期才被出版，欧洲人与太平洋岛上主人的早期遭遇的这个记录，完全不同于"奋进号"刚刚返回时在英国所展现的情况。与其他的旅行记述一样，出版的"奋进号"航海报告，受到太平洋地区居民应该长什么样、应该如何表现的先入之见的深刻影响。为了与西方关于异域人的刻板印象一致，很多原始图片都经过了润色。霍克斯沃思（John Hawkesworth）是班克斯日志和库克日志的编辑者，他创造性地完成了工作，为二人的故事添枝加叶，并富有想象力地将澳大利亚土著逸闻，插入到了火地岛居民故事之中。毕竟，从欧洲人的观点看，他们都是太平洋上的原始人，因此是可以互换的。

像班克斯和林奈这样受过教育的绅士，对于他们参观过的远方地区也具有明显矛盾的观点。一方面，这些绅士将萨米人和太平洋地区的岛上居民视为低劣的原始人，他们肮脏、未开化，比起与绅士的距离，他们离动物更近些。经过霍克斯沃思的传播，班克斯所描述的杀人祭神和其他实践活动，彰显了英国的优越性。但与此同时，欧洲人赞赏这些民族，将他们视为尊贵的野蛮人，因为他们生活在一种纯真、未腐化的状态之中，没有沾染现代文明的堕落，也没有担负赚取生活必需品的责任。班克斯写道，在塔希提岛，"性爱是主要的消遣……女性的身体和灵魂都被塑造得极其完美，没事可做时，她们更是处于理想的性爱状态了，性爱之父统治着这里，甚是轻松，几乎毫无烦恼，不像我们的居民，随着气候的变更，还要耕地、种田、耙地、收割、甩打、磨碎、揉面，并烘烤我们每日的面包"。[68]

对照《圣经》的意象，欧洲人把太平洋地区看作好像是人堕落之前所存在的世俗天堂。首先到达塔希提岛的法国游客"认为我被运到了伊甸园，我们穿越草地，那里长着优良的水果树，零星点缀的小溪……我们发现的任何地方都充满着友好、轻松、纯真愉快，每个人的表情上写满了幸福"。树下散落着成熟的面包果，该名字源于从天上掉下来的上帝的吗哪（God's manna）①。

那些受过古典教育的人，认为太平洋地区就是阿卡迪亚（Acadia），即古希腊黄金时期（Greek Golden Age）②一个田园牧歌似的乡村，在那里，小仙女与森林神浪漫相爱，过着快乐的日子。班克斯说，除了她们的肤色，塔希提女性要远比他的英国美人更有吸引力，因为她们本性优雅，穿着褶裥状宽松的衣服，就像希腊女神。"我们看到的景象，"他十分喜爱地说道，"是阿卡迪亚最真实的图片，我们可以想象，我们即将变成这里的国王。"他甚至为塔希提男人起了希腊名，如赫拉克勒斯（Hercules，表明他的力量）和伊壁鸠鲁（Epicurus，因为他的食欲）。69

"奋进号"返航之后出版的图片，更加渲染了这种极乐天堂的景象，但旅行者的直接印象却并非如此。库克认为，火地岛人"或许是今天这个世界上最不幸的人了"，并且报道说："女性穿一块兽皮，来遮挡自己的私密处，男人却没有遵照这样的礼仪。他们的房屋造得像一个蜂箱……并且用树枝、长草覆盖着，他们

---

① 来源于《圣经》中的故事，以色列人在旷野四十年中神赐的粮食。——译注
② 公元前5世纪，伯利克里统治时期是雅典奴隶制民主政治的黄金时代。
　　——译注

用这样的方式既不能抵抗狂风、冰雹，也不能抵抗雨雪。"[70]班克斯的一位助手在现场，作下了一幅画，证实了库克描述的荒凉景象。身披粗糙的兽皮，一小伙黑人挤在缓慢燃烧的木柴旁，蹲在破烂的棚舍里，陪伴他们的是一只类似大老鼠的动物。

在关于远航的描述（图13）中，霍克斯沃思把这幅图景严重篡改了。现在，貌似英国树木样子的树，离奇地环绕着温暖舒

图13　"棚舍中的火地岛印第安人"，1773年由吉欧维亚尼·奇普里亚尼、弗朗切斯科·巴尔塔拉奇先后雕版印刷（得到剑桥大学图书馆管理员使用许可）

适的小房子，房子很天然，很吸引人，而且保持得很好。房子里面，是一个幸福家庭的成员，现在还有一个胖乎乎的孩子，他们一起在熊熊燃烧的烈火前烤火。这些浅肤色人穿着古希腊长袍，衣着优雅，他们相互间兴高采烈地聊着天，还同时与几个路人聊着，而原图上是没有这几个路人的。欧洲的艺术传统已经深深地渗透到了这幅图中：右边的石头可能是罗莎（Salvator Rosa）①风格，而那棵把贫瘠乡村变成田园景象的大树则是洛兰（Claude Lorrain）②风格。

　　然而，霍克斯沃思的批评者指责他把塔希提岛呈现为一个腐败、猥亵的天堂。他们说，霍克斯沃思对塔希提岛色情仪式的重口味描述不适合英国读者。传道者卫斯理（John Wesley）③对"奋进号"之行的描述感到恐慌，虽然他似乎对岛民展示出来的性放纵没有表现出那么大的惊讶，但若由浅肤色人表演出来，

---

① 罗莎（1615年~1673年），意大利画家，生于那不勒斯。——译注

② 洛兰（1600年~1682年），法国巴洛克时代著名风景画画家，主要在意大利活动。——译注

③ 卫斯理（1703年~1791年），出生于英国林肯郡，先后就读于伦敦查特豪斯学校和牛津大学基督教学院。父亲是圣公会牧师。1735年，他与弟弟查理前往北美传教，但成效甚微。1738年回国后，他开始巡回露天布道，宣传自己的宗教主张和经验，创立卫斯理宗，主张认真研读《圣经》，严格宗教生活，遵循道德规范。——译注

他就颇为震惊了。"在太阳之下，当着几十个人的面，男女在一起交媾。男人的皮肤、面颊和嘴唇像牛奶一样白，"卫斯理报道着他的读书所得，"休谟和伏尔泰（Voltaire）可能会相信这是真的，但我不信。"[71] 讽刺诗人则热衷于描述那些正变得堕落的纯真少女形象。这是一个典型样品：

> 霍克斯沃思在著作中描述道，在那个阴冷的地方，
>
> 活泼爽朗的女仆激情已起，不需要男人的体温，就已经点燃了自己的欲望。
>
> 如此等等……[72]

除了宣布对新殖民地的权利，带回新的生物物种，海外探险还发现了新的社会，这挑战了英国传统。在伊拉斯谟·达尔文的《植物之爱》（Loves of the Plants）中，金星微笑着降临到塔希提岛之上，这是指天文学上的金星凌日，也象征着爱神。达尔文说，这里是毛茛科侧金盏花属（Adonis）植物的家，这类植物是根据美丽俊俏的希腊神阿多尼斯来命名的，他是乱伦所生，而且维纳斯对之有强烈欲望。一朵花中包含着 100 个雄蕊和 100 个雌蕊，阿多尼斯成为追求塔希提式自由、舒适性爱的欧洲梦的典型，并

且似乎嘲笑了英国人的信仰，即一夫一妻制婚姻是社会稳定和幸福的唯一可能来源。

"奋进号"的航行报告使那些爱国的英国基督徒相信，自己有责任将塔希提人从恶劣的处境中解救出来。传教士们不远千里，就是为了在塔希提人自己的环境里改变他们，教育他们。有些传教士得到了班克斯的帮助。其他一些改革者更喜欢相反的手段，他们把岛民带回英国，并加强对其进行西方文明课程的教育。班克斯的门生图帕伊和泰伊图死于异域疾病，但作为库克第二次太平洋探险之成果，20 岁左右的年轻人奥麦（Omai）被安全带回了英国。班克斯和索兰德听到这个最新发现后非常兴奋，即刻动身去朴次茅斯（Portsmouth）见他。奥麦没能认出索兰德，因为索兰德胖了很多。经过这番令人尴尬的意外会面后，两位欧洲人用混杂的塔希提语对他表示了欢迎，并开始教他英语。（或许是）班克斯随后委托画家绘制了一幅巨大的谈话图（图 14），图片中班克斯与奥麦、索兰德处于一个布置舒适的房间里，其中的乡村景色表明他们是在班克斯林肯郡的家中摆姿势作画的。

班克斯和桑威奇制订了奥麦的旅行日程和宣传事宜。有时

图 14   "奥麦、班克斯与索兰德"，威廉·帕里（William Parry）
于 1775 年 ~ 1776 年制作的油画（大英国家肖像馆）

候，奥麦一定感觉自己就像正在表演的海豹在人类之中的替代
物。仅经过几天的集中演练，就有人安排他穿上了一件褐色天
鹅绒外套和膝下束紧的白色缎子礼裤，他被引荐给了国王乔
治三世。太平洋地区的朋友曾经告诫过奥麦，欧洲人计划杀害

并吃了他，所以他或许对人痘接种很有警觉性，所接之种取自一位妇女，"她的脸上有几个大脓包"。[73] 接种依旧是一个充满风险的过程，奥麦的英国新朋友为他接下来的生病做好了准备。几周后，奥麦恢复了，班克斯带他游遍了伦敦的贵族府邸，吃遍了大都市的餐桌。

　　奥麦成了上流社会的宠儿，社会名流如约翰逊和格洛斯特公爵夫人（Duchess of Gloucester）都款待了他。他被护送去了英国重要的舞台——剧院、上议院和剑桥大学——虽然还不清楚，这些短程旅行到底是为了让谁娱乐。小说家伯尼（Fanny Burney）[①] 对奥麦精美的衣服和佩剑感到惊讶，她激情奔放甚至有失偏颇，坚持说，"他鞠躬鞠得非常好，不是为他，而是为每一个人……他痛快地进食，在桌上几乎不犯错误，哪怕是最微小的错误"。不顾奥麦的抗议，伯尼强迫他唱了一曲塔希提歌谣，然后嘲笑他的"野蛮"音乐。晚宴上的客人，尽情嘲笑奥麦对日常物品如放大镜、冰块的着迷，通过此活动来自娱自乐，并且当他赢了国际象棋或西洋双陆棋时，又"钦佩野蛮人良好的血统"。他的口音成为持续的笑点，史学家依旧重复着那些讥讽他的浅

---

① 伯尼（1752年~1840年），英国小说家。——译注

薄笑话。[74]

　　班克斯承担了向这位太平洋地区学生传授英国文化的责任，起初他让奥麦住在自己家里，之后请求政府将奥麦安排在了伦敦的一个房子里。当奥麦随班克斯访问不同的乡下地产时，被迫参与了一些事先无准备的植物学探险。一个 12 岁的小孩后来回忆起了这些行程，当"我们遇到没见过的一棵带有奇异分支的树，或一株奇怪的野草，或植物界其他不同寻常的东西的时候，就立刻会被叫停，约瑟夫先生跳出来……奥麦在所有人之后也跳出来了"。然而，奥麦似乎并没有过度热情。"约瑟夫先生，"那段回忆继续道，"在一系列晚间讲演中，给我们解释了林奈系统的基本原理，这些讲解简短、清晰、亲切。第一次讲演他是通过切割花椰菜来例证的，凭借这个，他让大人（除了奥麦）和儿童都很高兴……我之后每当看到煮熟的花椰菜时都会去想那个生的标本，去想到班克斯手中那柄解剖刀，去思考结实器官、性系统、果皮、花萼、花冠和花瓣，等等。"[75]

　　虽然奥麦在有教养的谈话和行为中受到了教育，但没人教过他流畅地阅读。或许就像一位批评家评论的那样，班克斯"想让他一直作为稀奇之物而存在，来观察一个未受过教育、未被启蒙的头脑的工作方式"。[76] 图 14 是奥麦诸多肖像画中的一幅，展示的是在大英博物馆工作的班克斯和索兰德正在审视奥麦。在这幅肖像画中，奥麦既是一位尊贵的野蛮人，也是一件奇怪的标本，被用来考察、分类和编目。他那平滑的白色长袍、直立的站姿和赤裸的双脚让人回想起了古罗马贵族，但他黝黑的皮肤和手上的纹身，表明他是一个原始生物。他以近乎傲慢的眼神盯着油画之外，平滑的衣服被雕制成尊贵的褶皱。

　　与肥胖的欧洲人相比，奥麦看起来更加精力充沛，肌肉发达，但是，通过将他女性化，奥麦被归为了一个更低的等级，即使按照国外人的等级来看也一样。他的衣服与妇女连衣裙相似，手上炫耀的装饰品给人一种印象，使他更像是典型的妇女，或者衰弱的麦克鲁尼，而不是清醒的有知识的男人。"奋进号"上的旅行者很早就对这些纹身感兴趣了，他们见到的当地人，用纹身装饰着半裸的身体。在英国，奥麦的旋转型纹身通常被隐藏在衣服之下，但一次游泳远行之后，他的一个同伴说："黄褐色的祭司……看起来就像暗淡的标本，红褐色的身躯向前移动着，就像涂了一层厚厚的清漆，不仅是涂了清漆，事实上就像在其表面上加薄片镶饰了。"[77]

　　一个红褐色的"标本"，这也似乎是图片（图14）中班克斯和索兰德如何看待奥麦的，他静静地站立在那里，被仔细检查着。肥胖的索兰德穿着浮夸的红色短上衣，坐在桌子旁，居间的班克斯则衣着暗淡，向索兰德，也向我们这些观众，指出奥麦的纹身。作为一名优秀的林奈信徒，索兰德记载着奥麦的生理数据，将之与大英博物馆收藏的植物、动物、奇异自然物的描述放在一起。"他深褐色，几乎与黑白混血种颜色相同，"索兰德给他朋友的信中写道，"一点不英俊，但很有型，他的鼻子有些宽……"

　　奥麦顶多算是半有文化，因此，我们没有关于他在英国或塔希提岛所经历生活的一手描述。按照索兰德的说法，他同意访问英国，是因为家乡的人都嘲笑他"扁平的鼻子和深色的皮肤，但他希望，当回到家乡时，能有许多好东西可以谈论了，那样他会获得高度尊重"。[78] 虽然许多英国人对奥麦感到着迷，但一些批评者反对将他装饰成麦克鲁尼的形象并在全国游行展示。除此之外，一些慈善家反对奥麦应该接受基督教教育的想法。从这些出于对他的礼貌所做的经常性评论来看，奥麦很快学会了将自己的观点和感情掩藏在精致高雅的文明之下。不管他的感受是什么，几年之后，这种文化灌输实验结束了，在库克的第三次太平洋之行时，奥麦被送回了家。

　　为了显示欧洲朋友对自己多么关爱有加，奥麦返回时带了大量的奢侈礼品。桑威奇把在伦敦塔定制的一套盔甲调拨给了他。班克斯则提供了一些衣服、刀具和家具,待在英国这段时间,奥麦都已经习惯使用这些了。为了提高塔希提岛的音乐水平,班克斯还送给了他两只鼓,其他一些礼物则是为了让奥麦通过西方技术的奇迹令他的朋友感到震惊,这些物品包括烟花、小型马车、手风琴和一个电器。

奥麦的近亲沉浸在他能归来的喜悦之中,或许他们都已放弃了希望,觉得不可能从外来入侵者手里重新得到他。奥麦全然不顾库克家长式的建议,将那些珍奇的所得物全部分给了朋友,并尝试操控英国旅行者,帮助他从邻近入侵者那里解放自己的岛屿。然而,欧洲人并不是这样理解的。站在欧洲人的立场看,奥麦及其同胞没有达到预期。按照航海报告的说法,当库克的船只登陆时,塔希提人对奥麦毫无兴趣,直到他拿出了一些红色羽毛,这是之前船只停靠其他太平洋岛屿时,他从中获取的。现在,红羽毛显然已经取代钉子,成了通货,海员可以在周六晚上,用它支付给当地的妇女,这一天库克允许他们"举杯致敬留在英国的女性朋友,因为他担心,处于塔希提漂亮的女孩中间,船员就会把那些英国女性都忘了"。[79]客人对当地的礼节几乎一无所知,于是推断,通过将所得物交给贪婪的塔希提人，奥麦已经换取了当地人的拥护。库克伤心地总结道，最近这 10 年来，欧洲人一直努力帮助这些岛上居民，让他们过得更好些，但这是徒劳无益的，他们坚定地保持着自己的风俗。

即使奥麦已经被派遣回世界的另一边，他依然担负着传播英国文化优势的希望，并能给英格兰提供一些有价值的娱乐材料。库克在夏威夷（Hawaii）被杀害了，但他的一位海军官员匿名出版了一个报告，陈述了奥麦到达塔希提岛时的光辉灿烂，描写他是如何穿着军事装备骑马巡游港口的，就像圣·乔治出发去杀龙一样。为了配合这段令人好奇的文字，报告还配了一幅想象的图片，图中显示，当观众因害怕而逃跑时，奥麦朝他们的头顶上开枪。这好像是说，他已经真正学会了如何表现得像一位英国绅士。

受这个不寻常故事的启发，1785 年皇家剧院（the Theatre Royal）决定，今年的圣诞童话剧将是"奥麦：或一次环球之旅"。就票房来看，这是一个卓越的选择，因为这个奢华的演出取得了令人瞩目的成功。故事情节围绕着奥麦展开，他的生活在舞台之上变成童话版本。奥麦在访问英国期间，赢得了伦蒂娜（Londina）的芳心，并成功地将她带回了塔希提岛。利用精

美的服装、壮观的布景，戏剧坚定了观众的判断：乔治国王岛是
一个世外性爱天堂。戏剧的最后，一个疯癫的预言家宣布，所有
的太平洋岛屿都应当向奥麦国王致敬，因为他"拥有 50 条红羽
毛、400 头肥猪，是 1000 名战士的指挥官，还有 20 名手劲很大
的妇女拍打他入睡"。[80]

# 第六章　帝国扩张与殖民机构

像澳大利亚这样一片土地，能赶上整个欧洲的大小，不可能没有大河，航道不可能不通达内地；或者，如果能合理开发，这样一个大国，又有着最适宜多产的气候，难道不应该为英国这样的工业大国生产一些原材料吗？

——1798 年 5 月 15 日班克斯致金（John King）的一封信

如果班克斯可以自主行事，冰岛（Iceland）可能早已加入大英帝国了。1772年，从太平洋回来后不久，他在冰岛度过了约6星期时间，期间不断抱怨冰岛寒冷的气候，抱怨主人缺乏幽默感。归来时，班克斯带着矿物、笔记本和冰岛人的手稿；他很快给自己印制了名片，在冰岛的轮廓图上写着他的名字——班克斯爵士；班克斯还捐献了一些火山岩给邱园，它们本来是作为船只的压舱物来使用的，却在邱园构成了那个令人赞赏的苔藓地毯的底基。在接下来的岁月里，班克斯一直保持着在这次貌似科学探险的活动中建立起来的政治联系。

30年后，班克斯提升了自己的职位，比以前更高、更有权势了。现在，他可以干预拿破仑战争中的军事策略了，并且他建议大英帝国应当从丹麦（Denmark）那里抢过冰岛来。除了提出一些明显的理由，比如捕获大量鳕鱼，建立海军基地，班克斯还主张冰岛历来就是英国的一部分。"看过欧洲地图的人，没有人会怀疑，冰岛本质上就是古人称之为'大不列颠'群岛的一部分，"他坚持认为，"它理应是大英帝国的一部分，因为大英帝国包括了欧洲范围内所有只通海路的地方。"[81] 虽然班克斯没能成功地将这块丹麦领地宣布为英国所有，但他对一个命令的通过施加了很大影响，那就是禁止英国海军攻击冰岛船只。

在班克斯担任皇家学会主席的漫长时期里，他加强了科学、贸易和国家之间的联系。作为一名训练有素的通权达变之人，他善于向一些有钱的机构指出资助科学的好处。例如，1801 年，他说服东印度公司出资 1200 英镑来资助一次太平洋地区的绘图远航，他指示探险者，"鼓励那些科学研究者，去发现对印度商贸有益的东西，并寻找新的通道"。[82] 与之类似，通过给政府提供建议，班克斯希望能从不情愿的官员那里撬出一些资金。皇家学会没有津贴补助，但位于巴黎的法国皇家科学院是有政府资金资助的，尤其是法国大革命后。在给英国政府的申请信中，班克斯充分利用了国家荣誉感，强调国外政府如何慷慨地资助科学研究："作为我们科学上对手的国家科学院，都被各自的政府珍视并以大量资金资助着，与给贵族的一样……看起来似乎不可思议。巴黎的皇家科学院有精美、宽敞的房子……柏林、彼得堡等繁荣发展的科学院都以同样的方式，由大量资金维持着。"[83]

在英国的传统敌人法国那里，政治家和科学研究者通过一个很强大、很正式的机构联系在一起。与之相反，英国依旧通过校友网络来运作。班克斯利用自己的大量关系，慢慢地获得了决策权。其中一个特别重要的政治资助人是桑威奇伯爵，他是海军部的首领，在伦敦时和班克斯是邻居，都喜欢垂钓，有段时间他们甚至共享了一位情人。正是桑威奇，为班克斯获得了通往纽芬兰和澳大利亚的许可。之后，他向班克斯寻求意见，以组织其他探险活动。桑威奇做了大量工作来说服英国当局相信，科学探险和帝国探险是利益相连的。例如，他将班克斯的建议呈递给了国王乔治三世，力主将新西兰麻栽培到英国，并指出，皇家学会正在筹划的北极之旅或许有益于为英国开辟新的贸易路线。

菲普斯是班克斯在伊顿公学时的朋友，纽芬兰探险的伙伴，他在长期的政治生涯中，也曾暗中助力科学事业。在职位共同爬升的早期阶段，班克斯利用自己与桑威奇的友谊和林肯郡地主的威望，为菲普斯造势。之后，菲普斯资助了班克斯几次雄心勃勃的计划来回报他，比如，他在美洲海岸的探险计划，以及从塔希提岛移植面包树来改革加勒比岛经济的计划。

班克斯的财富都在乡下地产上，因此，在政治事务中他本能地倾向于保守派。另一方面，他时常坚持说，自己对政党政治不感兴趣，虽然在从政治友谊中获取利益方面，他从不迟疑。班克斯以这种方式强调自身的独立性，这帮助他强化了与乔治三世的关系，二人的关系是在"奋进号"返航后不久建立起来的。就像他的一位同盟者所评论的，"约瑟夫爵士的政治原则，是高度保守的，正迎合了君主的喜好；作为一个乡村绅士，他从未参与那些烦人的议会生活，也不幻想着提高自己出生后的地位，就一定可以成为国王的朋友"。[84] 班克斯的批评者对他小心翼翼地培植起来的皇家友谊更是恶言相向。在图7中，吉尔雷在太阳之中画了个王冠，就是为了强调，这个巨大的南海毛虫是如何沐浴皇恩的。

班克斯返回英国后，乔治三世立马在温莎召见了他，并很快让他非正式地掌管了邱园。国王只比班克斯大5岁，他喜欢班克斯的建议，并珍重两人的友谊。虽然班克斯总是下属，但30多年里，他们就像皇家主人和门生的关系般亲密。例如1787年，乔治三世对班克斯生病表示了怜悯："国王很伤心地发现，班克斯依旧困于病床；虽然这是祝贺病人从第一次痛风打击中康复的常见方式，但他还是不忍心加入那个残酷的礼仪。"[85] 多年后，国王成为了病人，他遭遇了一种难以诊断的遗传疾病，忍受着精神失常的打击。当他开始恢复时，召唤班克斯到皇家邱园，每天陪他散步。对班克斯来说，这是一个理想的机会，来鼓吹植物学的好处。国王康复之后，班克斯充分利用了他所培育起来的王室对植物的热衷。

因为在农业上有共同的利益，他们的亲密关系被进一步巩固了。就像班克斯依靠自己土地上的收入一样，工业革命前，大英帝国的财富也主要来源于农田。除了作为帝国探险者（图6、图9）和科学管理者（图8、图14），班克斯还是一位富裕的地主。林肯郡的波士顿公司（Corporation of Boston）委托菲利普斯制作了皇家学会主席另一个版本的肖像画（图8）。虽然菲利普斯所画的班克斯保持了同样的姿势，但这次他展现的班克斯衣着林肯郡的军装，手里拿着排干沼泽的规划。

班克斯通过收回沼泽地作为牧场来改善林肯郡的畜牧业，这也增加了他的个人财富。在将回收的领地转变为肥沃土地以利于小麦种植的过程中，绵羊是很关键的。在图15这幅油画中，班克斯（从左边门框数第四位）正在参加英格兰中部的绵羊养殖活动。像他的地主同伴那样，班克斯戴着一顶高贵的帽子，定制的外套紧紧裹在他肥胖的身躯上。

图15 "罗伯特·贝克韦尔品种的公羊出租，位于莱斯特郡（Leicestershire）拉夫堡（Loughborough）附近的迪什利（Dishley）"，韦弗（Thomas Weaver）绘制（泰特美术馆）

虽然乔治三世掌管的土地比班克斯要多，但两个人都感到，对自己统治的人有一种家长式的责任，两人都致力于让农业生产更有利可图。作为有地产的保守主义者，他们都感到，无论对地方，还是对整个国家来说，通过削减昂贵羊毛的进口量来促进英国生产是有好处的。1781年，在通过走私西班牙绵羊来提高英国羊毛质量的工程筹划之初，国王就知道了他需要谁。"约瑟夫·班克斯先生正是合适人选，"国王通知工作人员，"告诉班克斯，我对此表示感谢，并且他的帮助将受到最热烈的欢迎。"[86]

作为皇家学会主席和国王的挚友，班克斯对于展示科学研究如何能让正在扩张的大英帝国更加受益这一点具有独特的优势。为了安抚精神失常的君主而在邱园的散步陪伴都获得了回报。通过担任与王室之间的中间人，班克斯将自己提升到了一个安全的位置，成为政府实际上的科学顾问。班克斯利用他与乔治三世的关系，将科学、政府与大英贸易帝国更加紧密结合起来。于是，他让自己成为茶树培植专家，因为他想削减英国从中国进口商品的费用。班克斯给东印度公司写信，提供了一些技术建议，鼓励他们在印度殖民地上种植茶树，并说服国王，使他相信，组织一次去往中国的植物采集远征，将会给英国和她的殖民地带来真正好处，也会给植物学和皇家植物园邱园带来进步。此时，邱园已经成为整个王室家庭最喜欢的游乐场所。[87]

当班克斯还在牛津大学的时候，他的母亲居住在切尔西，那时的切尔西是一个有着开阔田野的时髦郊区。除了其他的都市娱乐活动，班克斯喜欢去参观切尔西药用植物园，林奈的朋友米勒掌管了那里48年。通过从世界各地引进植物，米勒将藏品规模扩大到原来的5倍。当班克斯在苗床间徜徉时，花园的作用已经扩大了：它不再仅是药用植物的提供地，同时也是国际植物研究中心。米勒死后，班克斯购买了他的植物标本（馆藏的干制植物），标本显然太多了，班克斯花费了两个星期才运完。

米勒的植物园很小，并且他的主要目的是寻求植物的实用性。与之对比，虽然邱园的管理者只不过是米勒的一个学生，但作为皇家植物园要大得多，资金也更充足，并且起初是为娱乐目的而设计的。在担任国王顾问期间，班克斯把邱园转变成了世界领先的植物园，变成了农业发展过程中帝国贸易的集散中心。作为大英帝国的中心植物园，邱园容纳了来自世界各地的植物，许多植物既有商业潜力，也有科学价值。植物运输是三向的。班克斯利用庞大的通信网络，在全世界搜索有用作物，以便在英国育植；同时，通过向英国殖民地出口植物和围绕帝国将植物从一国运到另一国，他改变了植物在不同国家的分布。

除了那位奇人奥麦，在18世纪大英日益发展的帝国中，人员主要是从中心向外围流动。与之对比，植物却是被反方向带回英国。在班克斯的管理下，邱园迅速地扩张，到1788年，有5万种树或者花草生长在苗床和温室里。像倒挂金钟、木兰和所有其他异域植物一样，一些地方特有物种变得世界闻名：一株来自南卡罗来纳州（South Carolina）的精美捕蝇草在邱园里繁茂生长，而布丰（Buffon）种在巴黎的那株却枯萎了。还有一种尤为引人注目的花，班克斯圆滑地使用了王后①的名字，将之命名为鹤望兰（Strelitzia regina）。当班克斯把英国乡下这块小地方变成异域天堂的时候，他炫耀地说："我们的国王在邱园，中国的皇帝在热河（Jehol），虽两地相隔，且分居于各自的花园里，但他们可以在许多相同树种的阴凉下，抚树遣怀，欣赏着相同的芬芳。"[88]

但班克斯主要对植物的经济效用感兴趣。他早期移植到邱园的植物中，有两种来自新西兰的植物——新西兰麻和菠菜②，都有潜在的利益可取。通过强调植物学的价值，班克斯说服了乔治三世，让他为职业采集者支付薪水。另外，他还从国际非正式植物学家网络那里获得了帮助，这个网络包括政治家、士兵、

---

① 指乔治三世的母亲，梅克伦堡-施利雷茨公爵之女。——译注

② 原文如此。菠菜原产于西亚一带，约在14世纪经由西班牙引入法国和英国。——译注

海员、商人和传教士。为获得更多东西，班克斯想得很周到，用捐赠者的名字命名了许多植物：一种埃塞俄比亚（Ethiopian）植物，现在依旧叫鸦胆子属（*Brucea*），就是以布鲁斯（James Bruce）命名的；他是皇家学会会员，顺着青尼罗河（Blue Nile）找到了它。班克斯下定决心，认为理应将邱园藏品建设得比其他国家，尤其是法国更令人印象深刻。听说法国即将有一个探险队开往澳大利亚，班克斯立即派出了一名英国采集员，"利用这次机会收集植物，这都是通过其他方式难以完成的；采集植物以丰富皇家邱园，否则它们都将被运往巴黎皇家植物园"。[89]

　　在班克斯的管理下，采集员带回了上千种国外的球茎、种子和植株。正是在这一时期，猴迷树（monkey puzzle tree，即智利南洋杉）和常绿红杉(evergreen sequoia，即北美红杉)首次进入了英国。然而，也有大量灾难发生。有一位新成员从非洲寄回了大量的标本，但在加拿大，因为气候不适死去了。另一位与"奋进号"上的班克斯差不多，被任命为海军船上的博物学家，但因为与船长打仗而被关押了起来，在这期间，他精心搬上船的植物都因缺水而死了。班克斯喜欢对他派出去的代表进行严格控制。当一位采集者威胁说要定居澳大利亚时，班克斯震怒了："我没有让他在新南威尔士组建一个家庭。我担心，如果他不更加积极努力，把工作和婚后生活协调好，我一定会将他开除。"[90]

　　班克斯也会把一个国家的植物送到气候相似的国度去实验。农业委员会逐渐意识到，正是班克斯，可以回答他们在帝国植物学方面的问题，给他们提供建议。例如，苏门答腊岛（Sumatra）的种子能生长在加勒比岛屿吗？怎样才能提高苏里南（Surinam）地区的糖产量呢？作物从世界的一个地方移植到另一个地方可以大大增加它们的价值。

　　班克斯最具雄心的计划是将南太平洋的面包树移植到西印度群岛。这个计划特别受农场主欢迎，他们希望面包树可以提供一种更便宜的方式来喂饱黑奴。班克斯说服了海军部和内政部，使他们相信这个计划能够成功，之后，海军部分配给他一艘皇家海军船——"施恩号"（Bounty），由布莱（William Bligh）[①]指挥。班克斯将"施恩号"改造成了一个漂浮的花园，这表明在他眼中，塔希提植物的存活远比海军官员的舒适要重要：这些树首先需要淡水，来冲刷掉湿润空气中的盐分。或许是还记得自己在"奋进号"上的经历，班克斯下令使用毒药来消灭老鼠和蟑螂，并要求"如果它们死在天花板上，并发出难闻

---

① 布莱（1754年～1817年），英国皇家海军部的探险家，新南威尔士殖民地官员，皇家学会会员。——译注

的气味，船员不得抱怨"。[91]

布莱的塔希提岛之行是一次彻底的失败。即使在最困难的情况下，库克都保证了船上的秩序。但布莱缺乏库克的斡旋技巧，甚至在到达特尼里弗岛（Tenerife）[①]之前，他就很难对船员发号施令了。不过，按照布莱陈述的故事版本，至少在塔希提岛上，他确实哄骗着船员进行了艰苦的劳作，把成百上千的面包树装上船，并且一起开往了加勒比海。但是，他们从未到达。这就是航行中著名的兵变事件，水手们掌管"施恩号"之后，抛弃布莱，让他自己找路回家，也不去管他船上的植物了。

令人吃惊的是，几年之后，班克斯和海军部给予布莱足够的信任，又把他送回了太平洋。这次航行在植物学方面取得了巨大的成功。超过2000株塔希提面包树被栽到了桶里，木桶由锯倒的木材制成。其中的许多树都在旅程中活了下来，并在新的种植地上繁茂生长。然而，从经济学角度看，这个计划在开始阶段几乎无利润可图，西印度群岛人都不愿吃这种英国地主强加给他们的外来食物，孩子们用多余的干枯果子当足球踢。但是现在，塔希提岛的面包树成了加勒比海地区著名的特产，作为地

①　为西班牙属加那利群岛中之最大岛。——译注

方特色出口到了伦敦的街道市场上。

　　班克斯掌管着国际植物园网络，这使改变世界各地作物的分布成为可能，也进一步扩大了大英帝国的影响力。班克斯宣布，邱园应当变成"为帝国服务的大型植物交换基地"，他将皇家植物园转变成了致力于商业发展的国际农业链的总部。例如，在他的帮助下，乔治三世重新启用了在圣文森特（St Vincent）的植物园，来作为两条运输线上植物的临时存储站：美洲运往邱园的植物，以及亚洲、太平洋地区运往西印度群岛的植物。正如班克斯给管理者的指示中所明确表达的，殖民地植物园对大英帝国的经济非常重要。他承诺"引进一些在商业上和医学上有价值的种类，即那些只在国外殖民地生长，英国没法获得，但又价格很高的植物"，[92] 它们将证明自己的价值。

　　到 19 世纪早期，植物园已经变成了殖民征服的典型象征。作为他计划的一部分，班克斯希望通过在印度种植茶树，来使英国消费者喝到更便宜的茶，他密切参与提议建立加尔各答植物园（Botanic Garden in Calcutta），之后还安排该植物园接收了澳大利亚的亚麻样品。他向战争办公室（War Office）允诺，通过提供食物，这个植物园将使印度人"感到奇怪，没有英国人，他们的祖先是如何能够存活下来的呢？并对英国征服者的名字深表尊重，因为多亏他们消除了饥饿"。[93]

锡兰（Ceylon，即今天的斯里兰卡）是班克斯式帝国植物学的另一个好例子。1810 年，也就是从荷兰手里抢占锡兰后的几年，英国统治者废除了禁止欧洲耕作法法令。班克斯从邱园派出一名园丁，他带着双重任务——"为该岛的商业利益而工作，为推进植物科学而工作"。岛上的开发商证明了，通过建立植物园——这个由国王资助的微缩邱园，国外作物如咖啡可以茁壮生长，并为殖民地带来利益。随着当地经济的快速发展，英国的帝国主义者炫耀地说，锡兰是他们开明统治的杰作。[94]

植物园还为英国移民者提供了一条收集当地知识的途径。除了在塔希提岛期间，班克斯并没有与土著民族进行过足够亲密的接触来获得当地的知识。随着越来越多的固定移民在全世界定居下来，他鼓励这些居民将国外技能传回英国。他建议，要用锡兰植物园来研究当地医生所开药方中的草药，以使英国药物能更加有效。在中国，班克斯求助工业间谍将科学与国家结合在一起。班克斯四处活动，希望能恢复在北京驻扎英国大使的制度，因为他需要为工匠提供一把保护伞，让他们能将中国的制茶和制瓷技术报告给自己。那位充满感激之情的大使与他合作，将瓷器样本送了回去，"为的是让化学家和有技巧的工匠拿来与英国使用的原料做对比"。[95]

班克斯还将欧洲植物送到国外去种植。他与内政部合作，将动植物送到相反半球上气候相似的地方。例如，他将地中海作物运送并种植在新南威尔士，库克将猪带到了新西兰，在那里，它们泛滥成灾了，还被叫作库克儿（Cooker）。因此，世界上隔着大洋、相距甚远的地方开始变得与欧洲相似。

1776年，那位有影响的苏格兰经济学家亚当·斯密（Adam Smith）提出，"文明国家所占领的殖民地，只要新移居者住进去，不管是一个荒芜的国家，还是一个居民稀疏的国家，土著居民都会轻易地为之让出地方，与其他任何人类社会相比，该地方都会更快地变得国富民强"。班克斯促成了一次行动，即把斯密所说的"新移居者"送往澳大利亚、新西兰和英国其他殖民地。他的"移民"既包括植物、动物，还包括人。为了满足帝国需求，英国入侵物种取代了当地原生物种，这些入侵者包括谷物、肉食动物等欧洲消费者需求最多的东西。遥远的国度变成了新欧洲，绵羊和奶牛在山坡上吃着草，农民种植着小麦、大麦、黑麦和土豆——当地人将这些品种视为异域珍奇引进过来。班克斯和他的继任者还移植了一些不那么实用的东西：在南半球，蒲公英

（dandelion）和家猫逼退了阿拉伯黄背草（kangaroo grass）和几维鸟（kiwi）①，肺结核（tuberculosis）、天花（smallpox）和性传播疾病残酷地削减着人口。[96]

经济收益是主要目标。杨（Arthur Young）是班克斯同盟中的一员，也是英国首席农业专家，宣扬"对土地的最佳使用，是种植某种作物，不管它是什么，只要能获得更多金钱"。像其他富有地主一样，班克斯提高了他在林肯郡土地上的耕作效率，以此来供应国家，同时也能实现自己利益的最大化。相似地，他建议种植那些欧洲最急需的作物，这样英国和殖民地都会在经济上获益。班克斯主张，印度应该停止出口昂贵的物质，转而给英国提供原棉，这样他们的工厂才会获利。在给东印度公司提供建议时，他坚持说，这种贸易将会让合作双方都受益，并将大英帝国之内的国家绑定在一起，"这样一块殖民地，幸有如此优良的土壤、气候、人口，它比宗主国更卓越，似乎本性就是为宗主国的建设提供原材料；必须承认，提供那种类型贡品的殖民地与'宗主国'之间，就通过最强大、最不可分割的人类纽带联系起来了，这就是共利互惠"。[97]

---

① 产于新西兰的鸟，喙长，翼短，无尾，不能飞。——译注

植物学是班克斯最主要的兴趣点，但他也涉足了帝国科学的其他方面。通过他的国际联系网络，班克斯发展出了各式各样的法案，来提高工农业生产和人类生活质量——"提高"是最受欢迎的与"启蒙运动"相关的词语。以苏豪广场为基地，班克斯控制着邱园、皇家学会等英国机构，也对它们的帝国分支机构施加了强烈影响，如大英帝国成长期间建立起来的植物园和科学学会。除了海军部和政府，私人机构如东印度公司和塞拉利昂公司（Sierra Leone Company）也向班克斯寻求意见。通过圆滑地使用专业知识来换取商业资助，班克斯保证了科学、贸易和商业扩张不可分割地联系在一起。

　　班克斯巩固自己权力的另一种方式，是加入那些支持帝国探险的委员会。1788 年，他成为"非洲内陆探险促进会"（Association for Promoting the Discovery of the Interior Parts of Africa，"非洲协会"）创始人之一。像往常一样，动机是复杂的。在那些理想化目标中，该协会宣布，将减少欧洲人和非洲人的无知。起初，这个委员会是由皇家学会会员统治的，因此，科学研究在议程上是优先的，反奴运动者也致力于反对奴隶贸易。然而，探险还是不可避免地与商业利益紧密缠绕在一起。英国人不仅要寻找原材料产地，还要为他们生产的工业商品创造市场。并且因为法国也在殖民非洲，里面含有很强的竞争因素。

筹备会议是在班克斯伦敦的家中召开的，他积极为这个新协会筹措政府资助。几年之后，当意识到法国在非洲的活动正在日益增加，班克斯的目标也成了赤裸裸的殖民。班克斯告诉政府，为了出口工业产品，开采金矿并惠及当地人，英国应该将他们转变为基督徒，并"将以下地区与英国王室绑在一起，不管是通过征服的方式还是签订协议的方式：从奥古因（Auguin）到塞拉利昂的整个非洲海岸线，或者至少获得塞内加尔河（River Senegal），因为该河流提供了通往沿岸国家的便利通道"。[98]

像许多同时代人一样，班克斯将自己看作开明之人，认为自己正在增加而不是掠夺英国殖民地的财产。但是，当地居民并不总是感激他们协会的参与，反而将其视为干涉。根据非洲协会的一份报告，"他们在所有场合都宣布拥有这里的土地和国家。还说，这不是白人的国家，而是属于黑人，黑人不会容忍白人成为这里的主人……他们没有拥抱基督的意愿，说自己已经太老了，不适宜这些"。欧洲帝国主义者坚信他们的强势只会给非洲人带来利益；他们觉得，镇压反抗以统治其他民族，来实现互利是合理的。就像乔治三世给首相的建议，不能用适合于欧洲文明国家的现代方式去统治野蛮人。[99]

班克斯方案的其他受惠者也反对班克斯对待自己的方式。因为班克斯引进的变革，林肯郡的一些农民失去了土地，他们暴动了。在伦敦，军队不得不出面保护班克斯的房子，以免遭到愤怒人群的破坏，这些人抗议谷物的价格被操控了。作为一名有特权的乡村绅士，班克斯具有同样的改革热情来提升他自己的地产和种地的农民，就像他把世界其他地方都转变得符合英国习俗一样。同时，乔治三世也支持班克斯的计划，要改善全世界，这两位地主还合作推进了英国的羊毛产业。他们都坚持通过增加羊毛产量来获得利益，并希望实现英国的自给自足，让班克斯日益萎缩的地产利益重新焕发生机。

班克斯属于英格兰中部的地主，他们的财富主要来源于所饲养绵羊的羊毛和羊肉。图15描绘的是公羊出租会议，农民可以让绵羊杂交以形成新的品种，但该会议还希望所有者公布自己的财富，并为讨论农业政治提供一个场所。这些身体发福的人，穿着富贵装，与从事体力劳动的下属有着截然的区分；而畜牧工，都穿着看上去干净的白色罩衣，抓着略带粉色的绵羊。当考虑到他们的工人时，这些富有的农民或许会讨论那个长久以来都存有争议的问题：政府应该控制农产品的价格吗？班克斯虽然宣称在政治上是中立的，但他成了代表地主阶级的游说者中的领导者；就像这张图片中的绵羊饲养者一样，他们希望通过出口生羊毛，杜绝进口国外的低价羊毛，来保护自己的收益。这是一个很重要的政治事件，因为从18世纪末开始，羊毛制品占据了英国出口量的1/4，比钢铁和棉花出口量的总和都要多。乔治三世与班克斯和他的农业团体一样，也想提高国内生产量，并杜绝从国外进口原料。

　　林肯郡的织布工人习惯用当地较重的羊毛来纺织，但许多消费者更喜欢西班牙美利奴（merino）绵羊所产的羊毛。一个明显的解决办法就是在英国饲养美利奴，但批评者反对这个计划，认为英国的气候更冷一些，会让羊毛变得粗糙。班克斯不同意这种意见。首先，他以英国的芜菁（turnip）、中国的麻（hemp）和一只澳大利亚的袋鼠（Kangaroo）——都是帝国出产——为代价，说服一位法国同行寄给他一对纯种美利奴，然后班克斯从他的地主朋友们那里征召了一些绵羊，让它们杂交。尤其是贝克韦尔（Robert Bakewell）①，他是开展农业实验的先驱。

―――――――――――

① 贝克韦尔（1725年～1795年），英国农业改革运动中最重要的人物之一，首先提出使用系统的人工选择来改良家畜品种。达尔文的《物种起源》中曾引证过他的工作，来说明驯养动物可以引起物种的变异。——译注

图 15 中的班克斯，正在自己的农场里参加公羊出租会议，绅士们正在那里竞标，希望能获得贝克韦尔那些昂贵公羊一个季度的使用权。贝克韦尔因他的新品种莱斯特羊（Leicester）而闻名，他宣称将英国羊肉产量翻了一倍（虽然在这儿，他的绵羊画得要比实际要大），同时他还尝试着生产优质羊毛。

邱园是引领世界的植物学中心，同时还有广阔的草地，方便进行绵羊育种实验。在乔治三世的默许下，班克斯筹备了好几个计划以获取美利奴绵羊，而这些并未让西班牙农民知晓——那些农民或许会后悔失去了他们可供出口的商品。经过几次拙劣的尝试，他利用葡萄牙的一个商人网络，成功地将几只绵羊运回英国。从多佛（Dover）走了几天后，大部分都安全抵达了邱园和温莎，之后还有绵羊被陆续运到这里。

除了起初有些小问题，羊群健壮而兴旺。就像班克斯之前认为的那样，尽管英国天气偏冷，羊毛依旧保持了良好的质量。当国王与班克斯一起漫步的时候，绵羊育种与羊毛产量如何能得到进一步的提高构成了他们谈话的重要主题。乔治三世保持着对这个合作项目的深切关注，并且向全国饲养者赠送了 200 多只绵羊，他可能感觉到，自己使英国的羊毛工业获益了，但表面上对班克斯隐蔽的进口策略装作不知。

1804 年，班克斯组织了一次拍卖会，出售一些皇家美利奴。其中的 11 只被非法出口到了新南威尔士，澳大利亚也由此建立起庞大的绵羊产业。起初，班克斯完全弄错了：他预测说这个事业注定要失败。然而，他很快就开始建议政府，如何能把土地集合起来，为私人农业计划服务。他是少有的几位到过澳大利亚的英国人之一，因此经常有人咨询他，即使他没有官职，也能对这一大陆的发展施加巨大的政治影响。因为他使自己稳居英国精英阶层，班克斯向一位新任命的殖民统治者自信地保证，他将会保护澳大利亚，而"部长大臣们正忙于一场灾难性的战争，已经完全忽略了我最喜欢的殖民地建立所带来的好处"。[100]

绵羊并不是班克斯安排到澳大利亚的唯一移居者。1779 年，英国下议院（House of Commons）委员会向这位 34 岁的专家寻求意见，想为英国罪犯寻找去处。班克斯汇报说，澳大利亚是个完美的地方。与新西兰的毛利人相比，澳大利亚土著人害怕欧洲人，因此将不会抵抗。另外，他乐观地宣布，那里的土地是如此肥沃，不用一年的时间，囚犯将能养活自己。当政府还在犹豫的时候，班克斯继续进行他的幕后活动，鼓吹新殖民地将很快为航海事业提供所需的当地亚麻，还会培育茶叶、丝绸，并从帝国的其他地区移植调味品来育植。7 年后，英国泛滥的囚犯日益接近临界点，植物湾被默认为了第一艘押运囚犯的船只的目的地——尽管还存在很多战略上的不足。为了庆祝这件事，陶工韦奇伍德（Josiah Wedgwood）① 用黏土烧制了一枚纪念章，黏土来自悉尼湾，是班克斯送给他的。

班克斯确保自己积极参与到新南威尔士的殖民化过程当中。他充当了船主中间人的角色，尽力为他们获得合同，以完成其他运送任务，将被委托把要送出去的囚犯送至海外，并鼓励研究采煤和采矿活动带来的回报。他希望澳大利亚可以有益于英国，因此，他指示采集者，"要寻求植物界和矿物界迄今还未发现的东西，带回来以后，将会变得对国家十分重要，并构成宗主国与目前为止毫无产出的殖民地之间于宗主国有利的贸易的基础"。[101]

另外，班克斯还肩负着将殖民地转变为"海外版"欧洲的任务。他监管着随着装载第一批囚犯的舰队移往澳大利亚的植物，并源源不断地送出作物样本，如小麦和一些来自法国南部的植物，这些作物永久地改变了澳大利亚的植被。就像他的一位植物采集门生所说，"约瑟夫爵士被看作是澳大利亚殖民地之父和建立者"。[102]

---

① 韦奇伍德（1730年~1795年），皇家学会会员，英国陶器制造商，创办公司实现了陶器工业化生产。废奴运动的卓越领导者之一。进化论思想家查尔斯·达尔文的外祖父。——译注

# 第七章　南北半球的英雄

　　大不列颠称为远东的地方，对我们来说只是近在咫尺的北方。

——孟席斯（Robert Gordon Menzies），

《悉尼晨报》（*Sydney Morning Herald*），1939年

虽身患痛风，班克斯依旧沉浸在自己的研究中。老年班克斯觉察到自己正逐渐失去对皇家学会的控制，他一定思考过自己将来的命运。他想知道，自己该被如何颂扬呢？是作为伟大的植物学家、探险先驱，还是强有力的科学管理者呢？他是否希望人们记住，自己为改良林肯郡羊毛所做的工作，以及把囚犯送往澳大利亚来解决英国监狱过于拥挤的事迹呢？在那些灰暗的日子里，班克斯或许预测到了自己在19世纪的真实命运：那些想革新英国科学的年轻化学家、物理学家和数学家，认为他是一位贵族独裁者而不值一提。

毕竟，班克斯已经目睹了自己的英雄——林奈死后名声的下降，正是林奈的北极旅行鼓舞班克斯，让他登上了"奋进号"。回到欧洲后，班克斯再也没有兑现诺言，去拜访乌普萨拉那位生病的老植物学家。有了权力后，班克斯推波助澜，取代了林奈的地位。班克斯的研究结果与那位瑞典人所建立的人种模型正好相反，他还鼓励分类学家发展出不同的体系，来为标本编目。林奈死后不到几年时间，就变成了受过教育的瑞典人嘲笑的对象。他的学生运回的成箱的人工制品，都放在那里未曾打开过，甚至林奈早期的追随者，也作诗讽刺他们曾参加了"如此著名的冯·林奈爵士领导下的猎草大军"。[103]

但班克斯永远也不会知道，林奈的名声又逐渐恢复了。随着瑞典民族主义的增强，林奈成了瑞典的浪漫化的偶像，就像英国的莎士比亚（Shakespeare）或德国的歌德（Goethe）一样。尽管实际上林奈的眼睛是棕色的，着装十分邋遢，但他（Carl Linnaeus 被欧洲化后，简化为 Karl von Linné）获得了金黄的头发、蓝色的眼睛，衣服与瑞典国旗的颜色很配。然而在 20 世纪，因为社会主义政府不希望与过去一样保守，他的名声再次消退了。虽然在乌普萨拉当地，林奈的事业依然蓬勃发展。

林奈将拉普兰视为异域乌托邦，就像是班克斯的塔希提岛在北方的等价物。在班克斯生活的年代，英国人和南欧人把瑞典本身当成了人种志研究的度假目的地。林奈式的研究者变成了旅游吸引物，他们穷困潦倒，抛售自己的收藏品，作为伤感的科学纪念品。进入 20 世纪后，萨米游牧民族成了稀奇人种，在会议上被展示为原始野蛮人和被浪漫化的陌生存在物。今天，第四世界的政治议题变得重要起来，萨米人正在联合因纽特人（Inouit[①]）和北极附近的其他居民。

老式的政治帝国已经解体，但科学帝国主义依旧存在。在南半球，南极地区就像外层空间一样，已经被转换成了国际科学实验站。相反，北极地区却早就被其南部边缘的国家瓜分了。因为这个地区具有很高的战略价值和丰富的矿藏，强国都不愿意放弃它们对该地区的占有。林奈只是斯堪的纳维亚半岛、加拿大、俄罗斯的探险者中的一位，他们像班克斯一样，将科学研究、商业机会的获取与帝国占有结合在一起。

在瑞典和生物学教科书之外，林奈从来也不具有特别大的名气。与之相比，班克斯在自己的国家毫无名气，却成了澳大利亚的开国之父。班克斯短暂访问植物湾期间采集的"red honeysuckle"，已经被林奈的儿子命名为 *Banksia ericifolia*[②]，该属是澳洲特有植物。班克斯、植物学和澳大利亚不可分割地联

---

① 因纽特人的英文是Innuit或Inuit。——译注

② *Banksia ericifolia*是山龙眼科（Proteaceae）植物，而honeysuckle现在指称忍冬，属忍冬科（Caprifoliaceae），估计在当时的语境下，二者的指称是一致的，后来发生了变动。——译注

系在一起，即使他只在那里待了几个星期，而且还主要是在海上，而非陆地上。

而对澳大利亚来说，班克斯是一位充满争议的英雄。当他的死讯最终传到这个遥远的殖民地时，布里斯班（Brisbane）的统治者在植物湾为他竖起了纪念碑，这位统治者是一名天文学家，在班克斯的影响下获得了该官职。纪念碑上的写作很老练，纪念班克斯这位科学发现者如此热衷于追求知识，但当地报纸刊登了一篇文章，讽刺性地指责班克斯将新南威尔士建成了一个囚犯流放地：

> 如果说我们的伟大人物明智且善，那么这里便充满了美德（尽管科学赋予它华丽的名字，如今听起来更像是对它的嘲笑和蔑视）。[104]

批评班克斯残忍地将澳大利亚转变为多余囚犯流放地是很容易的。那么，人们又为何将他尊为国家圣人呢？部分是因为这种模棱两可，班克斯的地位才会起起伏伏。到19世纪末，当大陆上的6个独立殖民地合为一个国家时，充满爱国情绪的澳大利亚人试图为班克斯的不光彩行为辩解。他们争论道，班克斯是一位被误解的明星，他只是按照那个时代的原则在办事。班克斯成为澳大利亚独立的象征，被认为有能力为世界科学做出原创性贡献。在政府资金的帮助下，他的一些手稿进入了澳大利亚图书馆，那里成立了一个小型的传记写作工程小组。

到 20 世纪末，当澳大利亚试图隔断与英国的关联时，它对班克斯的热情消减了。具有讽刺意味的是，现在，英国学者想把他从黑暗处拯救出来。历史学家已经从老式的"伟大发现者的故事"中醒悟了，并对探索科学如何成为现代社会的核心更感兴趣。班克斯提供了一个绝妙的例子，来说明科学与大英帝国是如何变得更强大的。

# 延伸阅读

Banks, Joseph. *The Endeavour Journal* (ed. J.C.Beaglehole)
(Sydney: Angus and Robertson, 1962).

班克斯的原著, 附有长篇导言。

Carter, Harold. *Sir Joseph Banks 1743-1820* (London: British
Museum (Natural History), 1988).

完整的标准传记。

Drayton, Richard. *Nature's Government: Science, Imperial Britain,
and the 'Improvement of the World'* (New Haven and London:
Yale University Press, 2000).

覆盖 16 世纪至 19 世纪的创新性记叙。

Gascoigne, John. *Joseph Banks and the English Enlightenment
and Science in the Service of Empire* (Cambridge: Cambridge

University Press, 1994 and 1998).

两卷本，现代视角下的最完整研究。

Jardine, Nicholas, Secord, James and Spary, Emma (eds). *Cultures of Natural History* (Cambridge: Cambridge University Press, 1996).

短篇的上佳合集。

Koerner, Lisbet. *Linnaeus: Nature and Nation* (Cambridge MA and London: Harvard University Press, 1999).

最好的传记——学术而不失生动。

O'Brian, Patrick. *Joseph Banks: A Life* (London: Collins Harvill, 1988).

聚焦于他与库克的航行。

Schiebinger, Londa. *Nature's Body: Gender in the Making of Modern Science* (Boston: Beacon Press, 1993).

清晰地研究了种族、性别与科学。

Smith, Bernard. *European Vision and the South Pacific* (Oxford: Oxford University Press, 1989). The classic art historical study

欧洲诠释的历史研究经典。

# 注　释

1. 这段介绍主要参考了 R. Porter, "The Exotic as Erotic: Captain Cook at Tahiti", in G.S. Rousseau and R. Porter（eds）, *Exoticism in the Enlightenment*（Manchester and New York: Manchester University Press, 1990）, pp. 117-144（关于 Robertson, 参见 p. 125, 关于 Cook, 参见 pp. 127, 128）。

2. J. Banks, *The Endeavour Journal*（ed. J. C. Beaglehole）, 2 vols（Sydney: Angus and Robertson, 1962）, 引自 Vol.1, pp. 276, 289, 281, 282。

3. 转引自 A. Bewell, "'On the Banks of the South Sea': Botany and Sexual Controversy in the Late Eighteenth Century", pp. 179, 180, 182, 收录于 D. Miller and P. Reill（eds）, *Visions of Empire: Voyages, Botany, and Representations of Nature* (Cambridge: Cambridge University Press, 1996), pp. 173-193, 该部分主要参考了这本著作。

4. 转引自 M. Cohen, "The Grand Tour: Constructing the English Gentleman in Eighteenth-century France", *History of Education*, Vol. 21 (1992), pp. 241-257, 见 p. 253。

5. J. Perry, *Mimosa: or, The Sensitive Plant* (London, 1779), pp. iii, vii.

6. 转引自 L. Schiebinger, *Nature's Body: Gender in the Making of Modern Science*（Boston MA: Beacon Press, 1993）, pp. 22-23。本章主要参考了 L. Koerner, *Linnaeus: Nature and Nation* (Cambridge MA and London: Harvard University Press, 1999)。

7. 转引自 Koerner, *Linnaeus*, p. 43。

8. 转引自 P. O'Brian, *Joseph Banks: A Life*（London: Collins Harvill, 1988）, 见 p. 61。

9. 转引自 Koerner, *Linnaeus*, p. 127。

10. 转引自 A. Bewell, "'Jacobin Plants': Botany as Social Theory in the 1790s", *Wordsworth Circle* 20 (1989), pp. 132-139, 见 p. 133。

11. 转引自 J. Uglow, *The Lunar Men: the Friends who made the Future* (London: Faber and Faber, 2002）, 见 p. 268。

12. J. Lee, *An Introduction to Botany, chiefly extracted from the Works of Linnaeus* (London, 1810), p. xvii（Robert Thornton 所作序言）。

13. 转引自 A. Shteir, *Cultivating Women, Cultivating Science: Flora's Daughters and Botany in England 1760 to 1860*（Baltimore and London: Johns Hopkins University Press, 1996）, 见 pp. 37,39, 该

部分主要参考了这本著作。

14. E. Darwin, *The Botanic Garden*（Yorkshire: Scolar Press, 1973（facsimile of 1791 edition ）), Book 2（*Loves of the Plants*), pp. 4-5（Canto I, II. 51-56）. 参见 J. Browne, "Botany for Gentlemen: Erasmus Darwin and *The Loves of the Plants*", *Isis* 80 (1989), pp. 593-621。

15. *Encyclopaedia Britannica*, 转引自 R. Thornton, *The Temple of Flora*（ed. R. King ）（London: Weidenfeld and Nicolson, 1981), p.9。

16. 转引自 Bewell, "'On the Banks of the South Sea'", 见 p. 189。

17. A. Secord, "Science in the Pub: Artisan Botanists in Early Nineteenth-century Lancashire", *History of Science* 32 (1994), pp. 269-315 ( 转引自 p. 277)。

18. 转引自 H. Carter, "Sir Joseph Banks: The Man and the Myth", *Bulletin of Local History, East Midland Region* 24-25 (1989-1991), pp. 25-32 . 见 p. 26。

19. J. Gascoigne, "The Scientist as Patron and Patriotic Symbol: The Changing Reputation of Sir Joseph Banks", in M. Shortland and R. Yeo（eds）, *Telling Lives in Science: Essays on Scientific Biography* (Cambridge: Cambridge University Press, 1996), pp. 243-265 ( 转引自 pp. 244-245)。

20. 转引自 O'Brian, *Joseph Banks* , pp.48,55。

21. 转引自 J. Gascoigne, *Joseph Banks and the English Enlightenment:*

*Useful Knowledge and Polite Culture* (Cambridge: Cambridge University Press, 1994), p.9。

22. M. Shelley, *Frankenstein or The Modern Prometheus: The 1881 Text* (Oxford and New York: Oxford University Press, 1993), p. 7.

23. *European Magazine* 42 (1802), p. 163.

24. Banks, *Endeavour Journal*, vol. 1, p. 113 (Beaglehole 所作序言)。

25. *European Magazine* 42 (1802), p. 163.

26. 转引自 Gascoigne, *Banks and the English Enlightenment*, 见 p. 253。

27. 转引自 Bewell, "On the Banks of the South Sea", p. 190。

28. 转引自 J. Gascoigne, *Science in the Service of Empire: Joseph Banks, the British State and the Uses of Science in the Age of Revolution* (Cambridge: Cambridge University Press, 1998), 见 p. 4。

29. J. Wolcot, *The Works of Peter Pindar* (London, 1830), p. 5.

30. Charles Blagden, 转引自 J. L. Heilbron, "A Mathematicians' Mutiny, with Morals", in P. Horwich（ed.）, *World Changes: Thomas Kuhn and the Nature of Science* (Cambridge MA: MIT Press, 1993), pp. 81-129, 见 p. 85。

31. Banks 1819 年 12 月 7 日和 20 日致信 Charles Blagden, Royal Society, BLA.b.85-86。

32. Davies Gilbert, 转引自 Gascoigne, *Banks and the English Enlightenment*, p. 255。

33. N. Chambers（ed.）, *The Letters of Sir Joseph Banks: A Selection,*

*1768-1820* (London: Imperial College Press, 2000), 第 110 封信。

34. Benjamin Robert Haydon, 转引自 D. Shawe-Taylor, *The Georgians: Eighteenth-century Portraiture and Society* (London: Barrie and Jenkins, 1990). 见 p. 7。

35. G. P. Nuding, "Britishness and Portraiture", 载于 R. Porter 所编 *Myths of the English* (Cambridge: Polity Press, 1992), pp. 237-269 (转引自 p. 251)。

36. 转引自 J. E. McClellan, *Science Reorganised: Scientific Societies in the Eighteenth Century* (New York: Columbia University Press, 1985). 见 p. 212。

37. 转引自 A. Salmond, *Two Worlds: First Meetings between Maori and Europeans 1642-1772* (Auckland: Viking, 1991). 见 pp. 99, 100。

38. 转引自 O'Brian, *Banks*, p. 65 和 Salmond, *Two Worlds*, p. 102 (本章主要参考了这两本著作)。

39. Banks, *Endeavour Journal*, vol. 1, p. 168.

40. 转引自 H. B. Carter, *Sir Joseph Banks 1743-1820* (London: British Museum (Natural History), 1988). 见 p. 76。

41. Banks, *Endeavour Journal*, vol. 1, p. 252.

42. Banks, *Endeavour Journal*, vol. 1, p. 267.

43. Banks, *Endeavour Journal*, vol. 1, p. 269.

44. Banks, *Endeavour Journal*, vol. 1, p. 285.

45. Banks, *Endeavour Journal*, vol. 1, pp. 312-313.

46. Banks, *Endeavour Journal*, vol. 1, p. 386.

47. Chambers, *Letters*, 第 6 封信。

48. 转引自 Salmond, *Two Worlds*, p. 270.

49. Banks, *Endeavour Journal*, vol. 2, p. 51.

50. Banks, *Endeavour Journal*, vol. 2, p. 59.

51. Banks, *Endeavour Journal*, vol. 2, p. 85.

52. Banks, *Endeavour Journal*, vol. 2, pp. 95, 107.

53. 转引自 O'Brian, *Banks*, pp. 169-170。

54. 转引自 Gascoigne, *Banks and the English Enlightenment*, p. 107。

55. J. Boswell, *Tour to the Hebrides with Samuel Johnson*, 1773 年 9 月 1 日（ed. F. A, Pottle and C.H. Bennett）（London: Heinemann, 1936）。

56. 转引自 D. Bindman, *Ape to Apollo: Aesthetics and the Idea of Race in the 18th Century* (London: Reaktion, 2002), pp. 64-65。

57. J. Priestley, *Experiments and Observations on Different Types of Air* (Birmingham, 1790), vol. 1, p. xxxi.

58. 转引自 Gascoigne, *Banks and the English Enlightenment*, p. 136。

59. 转引自 Schiebinger, *Nature's Body*, p. 82, 该部分主要参考这本著作。

60. 转引自 J. V. Douthwaite, *The Wild Girl Natural Man and the Monster: Dangerous Experiments in the Age of Enlightenment*（Chicago: Chicago University Press, 2002）. 见 p. 17。

61. H. Wallis, "The Patagonian Giants", in R. Gallagher（ed.），

*Byron's Journal of his Circumnavigation 1764-1776* (Cambridge: Hakluyt Society, 1964), pp. 183-223 ( 转引自 pp. 188, 204)。

62. Banks, *Endeavour Journal*, vol. 1, p. 227.

63. 转引自 Salmond, *Two Worlds*, pp. 112-113。

64. Banks, *Endeavour Journal*, vol. 1, p. 334.

65. Banks, *Endeavour Journal*, vol. 1, p. 351.

66. Banks, *Endeavour Journal*, vol. 1, p. 334.

67. 转引自 Salmond, *Two Worlds*, pp. 87-88。

68. 转引自 O'Brian, *Banks*, p. 91。

69. 转引自 B. Smith, *European Vision and the South Pacific*（Oxford: Oxford University Press, 1989 ）, 见 pp. 42, 43, 该部分主要参考了这本著作。

70. J. C. Beaglehole（ ed. ）, *The Journals of Captain James Cook on his Voyages of Discovery: The Voyage of the Endeavour 1768-1771* (Cambridge: Hakluyt Society, 1968), pp. 44-45.

71. Beaglehole, *Endeavour Journals*, p. ccli.

72. 转引自 Smith, *European Vision*, p. 46。

73. 转引自 E. H. McCormick, *Omai: Pacific Envoy*（ New Zealand: Auckland University Press, 1977 ）, 见 p. 105, 有关 Omai 最好的传记。

74. 转引自 O'Brian, *Banks*, pp. 183, 184。

75. 转引自 Carter, *Banks*, p. 131。

76. 转引自 O'Brian, *Banks*, p. 184。

77. 转引自 O'Brian, *Banks*, p. 186。

78. 转引自 Smith, *European Vision*, p. 82。

79. 转引自 McCormick, *Omai*, p. 227。

80. 转引自 Smith, *European Vision*, p. 116。

81. 转引自 Gascoigne, *Science in the Service of Empire* , p. 175, 本章的主要参考文献。

82. 转引自 R. Drayton, *Nature's Government: Science, Imperial Britain, and the "Improvement of the World"* (New Haven and London: Yale University Press, 2000), 见 p. 109, 本章的另一重要参考文献。

83. 转引自 Gascoigne, *Science in the Service of Empire*, p. 32。

84. 转引自 Gascoigne, *Science in the Service of Empire*, p. 44。

85. 转引自 O'Brian, *Banks*, p. 224。

86. 转引自 Gascoigne, *Science in the Service of Empire*, p. 44。

87. 转引自 Gascoigne, *Science in the Service of Empire*, p. 46。

88. 转引自 R. Desmond, *Kew: The History of the Royal Botanic Gardens* (London: Harvill Press, 1995), p.98。

89. 转引自 Desmond, *Kew*, p. 99。

90. 转引自 Desmond, *Kew*, p. 114。

91. 转引自 O'Brian, *Banks*, p. 235。

92. 转引自 Drayton, *Nature's Government*, p. 108 和 Desmond, *Kew*, pp. 124-125。

93. 转引自 Drayton, *Nature's Government*, p. 118。

94. 转引自 Drayton, *Nature's Government*, p. 86。

95. 转引自 Gascoigne, *Science in the Service of Empire*, p. 140。

96. A. W. Crosby, *Ecological Imperialism: The Biological Expansion of Europe, 900-1900* (Cambridge: Cambridge University Press, 1986)；关于 Smith, 参见 p. 195。

97. 转引自 Drayton, *Nature's Government*, pp. 87, 104。

98. 转引自 Gascoigne, *Science in the Service of Empire*, p. 180。

99. 二者均引自 Drayton, *Nature's Government*, p. 105。

100. 转引自 Gascoigne, *Science in the Service of Empire*, p. 188。

101. 转引自 Desmond, *Kew*, p. 123。

102. 转引自 Gascoigne, *Science in the Service of Empire*, p. 186。

103. 转引自 Koerner, *Linnaeus* , p. 167, 本章的主要参考文献。

104. 转引自 Gascoigne, "Scientist as Patron and Patriotic Symbol", p.253, 本章的另一个主要参考文献。

**图书在版编目(CIP)数据**

性、植物学与帝国:林奈与班克斯/(英)法拉著;李猛译.—北京:商务印书馆,2017(2017.12重印)
(自然雅趣丛书)
ISBN 978-7-100-12144-6

Ⅰ.①性… Ⅱ.①法… ②李… Ⅲ.①博物学—普及读物 Ⅳ.①N91-49

中国版本图书馆 CIP 数据核字(2016)第 066119 号

**权利保留,侵权必究。**

性、植物学与帝国
林奈与班克斯
〔英〕帕特里夏·法拉　著
李　猛　译

商 务 印 书 馆 出 版
(北京王府井大街36号　邮政编码100710)
商 务 印 书 馆 发 行
北 京 冠 中 印 刷 厂 印 刷
ISBN 978-7-100-12144-6

2017年1月第1版　　　　开本 880×1230 1/32
2017年12月北京第2次印刷　印张 5 1/2
定价 28.00 元